"十四五"普通高等教育本科部委级规划教材
国家级一流本科课程"创新思维及方法"

工程伦理

王晓敏　王浩程　编著

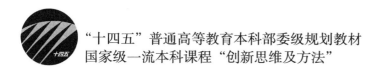

中国纺织出版社有限公司

内 容 提 要

工程作为一种复杂的社会实践活动,架起了科学与技术通往社会的桥梁,随着工程实践的深入发展,包含在工程中的道德价值、职业伦理等问题越来越受到人们的关注。工程师作为工程项目的建设者,其过硬的职业技术与完善的人格已日益成为工程师职业化道路上的重要方面。本书是为纺织学科学生编写的工程伦理教材,大致分为三个模块:概念模块主要以案例为引导,通过对工程实践活动中伦理性质和伦理问题的研究,介绍了道德、伦理、公平、价值、行为等一系列涉及工程伦理实质的概念;实践模块聚焦工程实践和工程职业,关注工程中的风险、安全与责任、工程与环境、工程师的职业素质等问题;应用模块聚焦机械、纺织、信息技术中的伦理问题,力求为纺织学科学生提供优质的工程师职业化指导。

图书在版编目(CIP)数据

工程伦理 / 王晓敏,王浩程编著. -- 北京:中国纺织出版社有限公司,2022.1

"十四五"普通高等教育本科部委级规划教材

ISBN 978-7-5180-9167-6

Ⅰ. ①工… Ⅱ. ①王… ②王… Ⅲ. ①技术伦理学 — 高等学校 — 教材 Ⅳ. ① B82-057

中国版本图书馆 CIP 数据核字(2021)第 235995 号

责任编辑:宗 静 苗 苗 特约编辑:王其强
责任校对:王蕙莹 责任印制:王艳丽

中国纺织出版社有限公司出版发行
地址:北京市朝阳区百子湾东里A407号楼 邮政编码:100124
销售电话:010—67004422 传真:010—87155801
http://www.c-textilep.com
中国纺织出版社天猫旗舰店
官方微博 http://weibo.com/2119887771
三河市宏盛印务有限公司印刷 各地新华书店经销
2022年1月第1版第1次印刷
开本:787×1092 1/16 印张:10.5
字数:230千字 定价:59.80元

凡购本书,如有缺页、倒页、脱页,由本社图书营销中心调换

前言

中国工程教育规模位居世界第一，承载着为中国乃至世界工业发展提供人才和智力支撑的责任和使命。为主动应对新一轮科技革命与产业变革，支撑服务创新驱动发展、"中国制造2025"等一系列国家战略，自2017年2月以来，国家教育部积极推进新工科建设，希冀达成工程教育"新理念、新结构、新模式、新质量、新体系"的"五新"目标。先后形成了"复旦共识""天大行动"和"北京指南"，并发布了《关于开展新工科研究与实践的通知》《关于推荐新工科研究与实践项目的通知》，全力探索形成领跑全球工程教育的中国模式、中国经验，助力高等教育强国建设。

中国工程教育要领跑全球，就必须培养出能够引领未来工程需求的工程人才，而不是蜷缩在狭小的专业空间，仅仅拘泥于专业细节。引领未来工程需求的工程人才，除了仍然需要拥有丰富的工程知识、强大的分析和解决问题的能力、开阔的视野、丰富的想象力、独特的创造力、卓越的领导力外，大的工程观和系统观也已成为必然要求，这体现在工程人才不仅能从宏观的科学空间和复杂的多学科交叉现象中去观察、关联和思考问题，而且也能从切身所处的社会空间中去关注人类社会的重大问题，在大是大非面前具有正确的价值取向。正是基于此，当代工程伦理教育受到高度关注。一方面，工程实践在现代社会的发展过程中起着越来越重要的作用，对人们的生活产生着越来越广泛的影响；另一方面，工程是一个汇聚了科学、技术、经济、政治、法律、文化、环境等要素的系统，随着工程系统的复杂性越来越高，规模越来越大，从工程系统运行中带来的意想不到的风险也在持续增多，工程实践越来越密切地关系到各种伦理问题。这些伦理问题涉及对工程行为正当性的思考和价值判断，需要工程人才在价值冲突中做出正确的价值选择。长期以来，我国工程教育多将目光聚焦在学生专业知识和技能的培养上，工程伦理教育环节相对缺失，这使得培养出来的工程师在工程实践中往往只关注技术问题，忽视或无视工程实践各个环节带来的伦理问题，结果导致"豆腐渣"工程、假冒伪劣工程、环境污染工程大量出现。这深刻说明工程伦理意识不是与生俱来的，而是需要通过教育和培养来造就的，每个工程人才都是社会有机进程中的一部分，他们除了需要具备专业知识和技能外，还应该具备高尚的道德情操，具备对于传统、社会、国家、民族以及人类未来等的正确观点、态度和价值观，对社会的发展进步抱有坚定的信心，对工程推动社会发展进步满怀希望。

本书作为全国教育科学规划课题2017年教育部重点课题"'中国制造2025'背景下应用型高校工程人才培养的创新机制和路径研究"（批准号：DIA170372）的研究成果之一，立足于高等教育人才培养与新时代国家发展战略对人才需求不相适应的现状，同时关注大学生的精神世界。本书以引导案例为切入点，从工程伦理的基本概念、基本理论及工程实践中存在的共性、特性问题等多个层面系统地介绍工程伦理的知识，力图使学生通过学习，能够树立工程伦理意识，提升工程伦理素养；强化社会责任，更好地参与社会生活。以期为培养能够引领未来工程需求的工程人才打下坚实基础。

本教材具有以下特点：

（1）从基本的常识及学习者耳熟能详的词汇着眼，阐述道德、行为、风险、价值、素养等概念和功利论、义务论等基本理论在工程伦理中的伦理属性及其发生路径，以点带面、由浅入深，避免学习者望文生怯。

（2）强调理论与实践并重。教材分为"通论"和"分论"两个部分，"通论"主要探讨工程伦理的基本概念、基本理论和工程实践中存在的共性问题；"分论"主要针对不同工程领域的工程实践，分析其存在的特性问题及工程伦理规范，增加学生对执业行为标准的了解。

（3）注重案例引导。案例教学具有典型性、直观性、实践性和情感渗入性的特点，不仅能激发学生的兴趣，增强说服力和感染力，而且由于情感的带入，能够对学生的情感、态度、价值观等方面的培养起到重要作用。

尽管主观上做了很大努力，但由于水平有限，书中难免有不足之处，恳请广大读者批评指正。

编著者
2021年7月

目录

第一章　工程和工程伦理

知识要点

- 了解什么是伦理和伦理学以及伦理对于社会文明的重要意义。
- 理解工程和工程伦理的概念及促进社会发展的作用。
- 把握工程技术对社会文明进步促进和阻碍的双向作用。
- 体会市场经济环境下学习工程伦理知识的现实意义。

【引导案例】西安地铁电缆事件

地铁工程是民生工程，关系千家万户。发生于2017年3月的西安地铁问题电缆事件涉及极为敏感的工程质量问题，特别是造成的与人身安全密切相关的重大工程隐患让人思之不寒而栗，从而引发了广泛的社会关注。

2017年3月13日，网上有人发帖质疑西安地铁三号线电缆的相关问题。西安地铁三号线使用的电缆系陕西奥凯电缆有限公司生产。就网上反映的问题，西安市政府很快做出回应，称已将随机取样的5份电缆样品送质检部门进行质量检验。3月20日，西安市政府公布抽样检验结果：5份电缆样品均为不合格产品。由此产生连锁反应，由陕西奥凯公司生产，经地铁工程使用的不合格电缆隐患巨大，该事件受到铁路及国家相关部门的高度重视。铁路部门迅速组织专门力量，针对铁路在建工程项目中使用奥凯电缆的情况进行全面排查。有关铁路企业对铁路工程项目所有使用奥凯公司生产的电缆，全部进行更换。2017年6月，国务院决定对西安地铁问题电缆事件进行严厉问责，依法依纪问责处理相关地方职能部门122名责任人，包括厅级16人、处级58人。奥凯公司负责人王志伟承认，他向西安地铁三号线供应了总价4000万元左右的电缆，其中3000多万元的电缆存在质量问题。最终王志伟被判处无期徒刑，他在法庭下跪忏悔道歉的情景，给人留下了深刻印象。

稍稍留意一下可以看到，在被判刑问责的人员中，有许多冠以"工程师"的称谓，如总工程师、材料工程师、监理工程师等。按理说，作为工程师，他们的职责是从技术的角度保证工程高质量、高效率地实施，然而因为他们内心缺乏良心的自律，缺乏岗位的责任意识，在关系大众生命安全的大是大非面前，头脑发昏，为了一己私利，丧失原则，最终受到应有的惩罚，也葬送了个人前程。

全国在建的地铁规模庞大，人们难免会担心，电缆等重要设施的质量能不能得到保障？西安地铁电缆事件会不会在其他地铁、高铁等项目上重演？基础设施建设事关每一个人的生命安全，容不得一点瑕疵和疏漏，西安地铁电缆事件应该为我们敲响警钟。

1.1 伦理学的概念

1.1.1 身边的伦理现象

生活在这个五彩缤纷、色彩斑斓的世界，当我们用审视的目光去观察社会万象、人间悲喜时，当我们试图站在理性的视角去判断大千世界的是是非非时，当我们情感的潮水为人间悲欢离合而涌动时，我们会发现，无论如何，从内容到形式，从思想到行为，从主观到客观，都绕不开"伦理"和"道德"所规定的界域。纵观历史，伦理现象是伴随人的认识产生而产生的，是与人的社会生活如影随形的。因为人的认识的产生是生存的需要，而要生存就必然离不开对生活资料的获取。在这个过程中，随着生存发展欲求的逐渐扩展，强弱势力显现，分配不均形成，由此带来的掠夺、征伐、保护、防卫也就演变出人类社会文明进步中的无数悲欢场景。这中间，公平正义成为永恒的发展主题，也是人们心中无限向往却难以真正实现的心结。在阶级社会里，社会阶层是永远存在的，由此产生的不平等现象遍布社会各个角落。贫富差距、地位差距、身份差距、职级差距……这些合理又不合理的差距构成了社会生活的方方面面，也形成了不计其数的社会矛盾。矛盾是前行的动力，这是一个哲学命题。但矛盾中孕育和凸显的伦理问题是必须要面对和选择的，因为它关系到社会的走向和民众的福祉。伦理问题的重要性在于它的普遍存在性，更在于它对人身心成长的所有方面，包括知识、能力、性情、品质、涵养、信仰、观念等，都有极强的引导作用。

人性是伦理问题最为深刻的解读，它是人生存于世的心理属性，确切地说，它是每一个个体对物质和精神追求的倾向性。人性的放纵，是人的动物属性带来的单纯物欲在一定环境中不受束缚的宣泄，或多或少地会给社会文明发展蒙上阴影。事实上，由生存感受形成的对物质利益的追求是普遍存在的，区别在于这种追求是建立在怎样的道德观和伦理观的基础上。这个世界，对与错、美与丑、善与恶的现象，贯穿于整个人类社会发展进程，其中蕴含的伦理问题极其深刻。伦理的核心问题是"善"，"善"与"不善"编织着人世间的明暗经纬。人们渴望"善"，追求美，却也在生命旅途中不时目睹"不善"，甚至与邪恶相遇。"人之初，性本善"中本身就包含着人的后天存在大量"不善"的指向。

现实生活中，每一个人的身边，伦理问题都时刻环绕。自持、自律，还是无度、无序，个人的道德修养作用于人与人、人与社会、人与自然之间，就形成了相应的伦理关系，进而也就产生了不同的伦理行为。大到人性泯灭、丧尽天良，小到蝇头小利、唯利是图，都是伦理关系的表现。在市场经济环境下，利益主导着社会生活的方方面面，赤裸裸的金钱关系左右着人与人之间的交往。于是，在这样的社会中，在利益裹挟下，违背伦理的事件常常见诸媒体。前几年，日本留学生江歌遇害案件的前因后果，让人感到人性的"恶"超乎寻常，最令人心颤不安的是，"恶"的人，却洋洋自得，不知其所"恶"。再往前数，药家鑫、马加爵犯下的令人发指的滔天罪行，是心灵极度狭隘扭曲、人伦纲常横遭践踏的极端实例。

用伦理的目光审视自我，观察世界你会发现身边大大小小的伦理现象不胜枚举，无论是工程灾难还是公交车上的让座。判断伦理现象的标准是"善"，具体来说，就是自我的思想和行为是利己还是利他。应该说，在多数情况下，利己和利他都不是纯粹的。但就伦理而言，任何行为如果对他人造成了伤害，就是违背伦理的行为。人们的衣食住行都存在这个问题。比如，为了获利，在食品中添加有害物质，这是明显的伤天害理行为。一个人如果为了他人而不惜损害个人利益，这就是高尚的行为。但现实中，常常存在两难境地，即所谓伦理困境，引发人们的深思。比如，近年来，社会上关于"扶与不扶"的争议持续升温，"人倒了可以扶起来，人心倒了就难以扶起来"的经典句子，也成为促进社会伦理进步的推手。

青年一代，生活在衣食无忧的盛世环境中，也在经受着市场环境的考验和种种诱惑。现实中普遍存在的攀比、炫耀的心态实际也隐含着深刻的伦理问题。想一想，自己虚荣心的满足或许是用父母的身心疲惫换来的，从家庭伦理的角度思考自己在当今的浮华世间应该如何磨炼心志和品性，怎样成为一名维护伦理尊严的践行者。

1.1.2 伦理学的起源及发展

伦理学是研究关于道德问题的科学，是道德思想观点的系统化、理论化。从根本上说，伦理学是将人类的道德问题作为自己的研究对象。伦理学研究的基本问题是道德和利益相互关系的问题，即"义"与"利"的相互关系问题。这个问题包括两个方面：一方面是经济利益和道德的关系问题，即两者"谁决定谁"以及道德对经济有无反作用的问题；另一方面是个人利益与社会整体利益的关系问题，即两者"谁从属于谁"的问题。

如前所述，伦理现象伴随人的认识也即主观意识的产生而产生。原始人由血缘结成部落，并以部落为单元群体为获取生活资料而与自然斗争，逐渐发展到部落之间相互争斗，其中的伦理现象是显而易见的。伦理思想的产生是伦理现象积累的结果。部落群体是国家、社会、民族的雏形，社会的发展应该趋向于保障民众健康福祉，这是人类文明的共识。于是，有先见之明的思想家们从不同角度和立场提出人们的行为应遵循的道德规范和法理，这也就是伦理思想产生的根源。伦理学作为一门研究人类道德问题的学问，必然是与伦理思想同生共存的。

（1）中国传统伦理思想的产生和发展

中国拥有五千年文明史，灿烂的文化光耀世界，伦理文化是其中一颗璀璨的明珠。有记载的中国传统伦理思想产生于距今约三千年的西周时期。西周初年，以周公为代表的奴隶主贵族，提出了以"敬德保民"为核心的一系列道德规范，主张"孝""友""恭""信"，强调道德的社会作用，其目的是维护宗法等级制度。春秋战国时期是中国伦理思想发展的高峰期。以儒家思想为代表，以"仁义""礼数""恕道"为核心的伦理思想体系在百家争鸣中得以不断丰富，形成了封建社会维系社会稳定协调人伦关系的思想基础。儒家伦理思想对道德的本源有着深刻的阐述，孟子认为，人的本性是"善"，道德是为维护"善"而产生的；荀子认为，人的本性是"恶"，道德是为改"恶"从"善"而产生的。无论哪种观点，道德对社会文明都具有极强的促进作用。"仁义礼智信"是儒家伦理思想的精髓，这种道德观念千百年来深入人心，对社会文明发展的积极意义一直延续至今。儒家主张重义轻利，提倡"正其谊不谋其利；明其道不计其功""君子喻于义，小人喻于利"，儒家思想中的义利观，体现了人性中"善"的本质，也揭示了伦理学研究的焦点内容，极具现实意义。

道家遵循"道"的思想观念，把"道"看作道德产生的根源，是其伦理思想体系形成的基础，从《道德经》中可以悟出很多基于"道"的伦理蕴意。其中的许多处事箴言，如"天下难事，必作于易；天下大事，必作于细""千里之行，始于足下""天网恢恢，疏而不漏"等，是道家伦理思想倡导的人性趋向，也是时至今日人们都应该践行的道德遵循。关于道德，老子直言，"道生之，德畜之，物形之，势成之。是以万物莫不尊道而贵德"，从中可以体会到"道德"的深刻内涵。"上善若水"，使我们感受到一种朴素的"至德"境界。道家主张"道法自然""无为而无不为""为而不争"，都是尊"道"为首，教人静心从善的社会倡导。

以儒家、道家为代表的先秦伦理思想是中国整个封建社会伦理思想的基础，对中国社会的政治、经济、文化产生了巨大的影响。之后两千多年的社会历程，从佛教推崇的"善业"，到宋明理学对儒家伦理思想的丰富；从明清封建礼教的禁欲主义伦理思想，到"自由、平等、博爱"的资产阶级改良的伦理思想，思想家们或站在统治阶级的立场，或为动摇统治政权的根基，或关注某一利益集团，或为天下苍生祈福，林林总总，客观上都在争鸣中推动中国传统伦理思想不断发展。

（2）西方伦理思想的产生及发展

西方伦理思想产生于古希腊哲学家对世界起源和人本性的探究，发展历史悠久，所涉及的问题主要有：道德的起源和本质、道德原则和规范、德性的内容和分类、意志自由和道德责任、道德情感与理性的关系、道德概念和道德判断的价值分析、道德教育和道德修养以及人生目的和理想生活方式等问题。三千多年前，伴随古希腊农业、手工业、商业的出现及发展，人们向往新生活方式的愿望不断增强，社会活动中的各种纷争现象促使人们思考涉及道德方面的问题，一些渴望美好、鞭挞邪恶的传说和寓言阐发出朦胧的道德意识。西方最早论述人性善恶、道德自律、社会公正等伦理问题的是公元前6世纪古希腊哲学家梭伦、毕达哥拉斯和赫拉克利特，他们虽然属于奴隶主阶层，但向往世间的"完人"和"善行"，崇尚道德的永存。苏格拉底和柏拉图是古希腊道德哲学的代表人物，他们注重探求人的行为和社会生活的普遍法则，阐述了利益与正义、道德与知识的关系和幸福、勇敢、节制、自尊等一系列道德范畴的观念。柏拉图进一步发展了苏格拉底的道德论，形成了与他的唯心主义理论相一致的伦理学说。

亚里士多德是古代西方学识的集大成者，作为一名现实主义者，他在伦理学方面的突出贡献是系统论述了善与幸福、社会生活、自制自律、公正德性、友爱欢乐等伦理要素，形成了一整套伦理学理论。亚里士多德认为，人的德性在于合乎理性的活动，万物都有一个目的——求善，任何事物都具备适合本性的功能——为善。人生的最高目的是求得至善，至善就是幸福。求得"个人善"是伦理学的目的，求得社会的"群体善"是政治学的目的。他著述的《尼各马可伦理学》是西方第一部伦理学专著，书中对人的道德行为做了细致深入的论述。亚里士多德生活在奴隶城邦制的没落时期，他的思想建立了古代西方最为完整的幸福论思想体系，为伦理学发展奠定了坚实的基础，对西方中世纪和近代资产阶级伦理思想的发展产生了极其深远的影响。

在欧洲中世纪，从罗马帝国衰亡到文艺复兴近千年，处于封建专制的教会统治时期，人的思想自由和行为自由受到严酷压迫，伦理思想的发展也贴合于封建专制的礼教，主张上帝意志论，维护神的旨意，实际也是专制统治者极权压制自由民主和思想解放的一种方式。

欧洲文艺复兴发生在近代资本主义萌芽时期，人们渴望自由，思想奔放，科技、文学、艺术、社会科学等领域成就卓越，伦理思想也得到快速发展。人文主义代表新兴资产阶级对神学伦理思想进行了猛烈抨击，提出了以人为本，强调尊重人的价值、人的尊严、人的自由、生活幸福的伦理思想，对西方伦理思想的发展发挥了革命的推动作用。代表人物有霍布斯、洛克、康德、黑格尔等。

德国古典哲学家康德对推动西方伦理思想的进步发挥了重要作用。康德崇尚善良意志，他的道德义务论是现代伦理思想的重要基础。康德认为，道德是纯粹义务的，人的道德理念本身就应该根植于心并践行于世。人性善的普遍性和必然性是绝对的道德法则。康德的"三大批判"剖析了人的理性、人的目标、人的行为，从中可以体会到人性应该追求善的目标的伦理思想。康德说："有两件事物我越是思考越觉神奇，心中也越充满敬畏，那就是我头顶上的星空与我内心的道德准则。"这句名言阐发了他内心对道德伦理所持有的明确态度。康德对"人是目的而不是手段"的深入探析和理解，也是促进社会向着以人为本目标前行的重要途径。

纵观西方伦理思想产生和发展的历史，可谓理想与现实交相辉映，与东方华夏民族儒家和道家的伦理思想殊归同途，在人性善恶、公平公正、道德规范、幸福美好等方面各抒己见。西方伦理学作为西方哲学的组成部分，并不专注规定和解释普世的伦理原则和行为规范，而是为个人主义、自由主义的道德生活提供理论依据。

（3）马克思主义伦理思想

马克思主义伦理思想是指以辩证唯物主义和历史唯物主义为理论基础的关于道德的科学理论，亦称马克思主义道德学说、马克思主义伦理学。它是无产阶级科学世界观的有机组成部分，其最显著的特点是：强调人们的道德观念归根结底受社会经济关系的制约，同时又承认道德反作用于社会经济关系以至整个社会生活。

马克思主义伦理思想的基本观点，是站在历史唯物主义视角揭示了社会道德的本质和根源。马克思和恩格斯认为，人生活在一定的社会关系中，这决定了他们对社会、对他人负有责任和义务，也决定了道德的基本属性。人们的道德观念，左右着人的行为必须遵循一定的社会要求，因此从本质上说是人与人之间社会关系的一种协调。在人们的各种社会关系中，物质的经济关系发挥着引领作用，也必然决定着人们的道德观念。由此可以看出，一切以往的道德论，归根结底都是当时社会经济关系的产物，而财产的任何一种社会形式，也总是有各自的道德与之相适应。

马克思主义伦理思想深刻揭示了良心、义务、幸福、荣誉等道德范畴服务于阶级的本质。马克思和恩格斯强调，道德具有社会历史发展的局限性，具有相同历史背景的不同阶级的道德，必然包含许多共同之处。对于同一个经济发展阶段来说，所有道德范畴的内容必然是或多或少地相互一致的，而这种"相互一致"并不是永恒的、终极的、不变的，而是随着历史背景和社会经济状况的发展不断变化的。在社会变革的时代，道德的社会作用集中表现在粉饰、维护某种社会制度，或是促进社会制度向更高的历史阶段发展。

毫无疑问，马克思主义伦理思想是站在无产阶级立场上阐述道德的本质、发展规律和社会作用的。商品经济在人类社会发展进程中一直占据着主导地位，在商品经济运行中生发并深化的道德伦理问题始终在不同程度地反作用于商品经济的不同时代。马克思的剩余价值理论深刻揭示了商品资本运作过程中，劳动者在创造价值的同时被资本控制者残酷剥削的社会本质，其中蕴含的道德水准、人性善恶、社会阴暗等方面的伦理问题是极其深刻的。

1.1.3 道德与伦理

（1）道德

道德是一种意识形态。从人性的角度为道德下一个准确的定义，其实并不容易。人性与道德，两者本身就是相通的，说一个人有人性，也就是说他有道德。而"道德"一词阐述的内容更为广泛，如社会道德、道德规范等。老子说："是以万物莫不尊道而贵德。道之尊，德之贵，夫莫之命而常自然。"这里"道"是指自然规律，"德"是指优良的品性。从中可以悟出，"道德"是万物生长的源泉。一个人的成长，除肌体生长外，更多是指知识充实、品性磨炼和心志成熟。纯朴善良，胸襟博大，关爱呵护，虚怀若谷，这些都是人在成长过程中需要汲取的人性养分，也是"德"的精髓。由此可见，道德是意识形态中人的一种内质，它或者源于生物肌体的遗传，或者受后天生存环境的影响，根植于人的内心，作用于社会的文明。应该明确，人的遗传本性与后天环境影响相比，后者是占主导地位的。道德左右着人的行为，决定了人们待人接物的方式。道德之于人性，是社会向着文明进步方向前行的基本动力。

站在阶级的立场上论及道德，是与社会的经济形态和生产力水平密不可分的。马克思主义认为，道德是一种社会意识形态，它是人们共同生活及其行为的准则和规范。不同的时代、不同的阶级有不同的道德观念，没有任何一种道德是永恒不变的。经济社会中，利益的得失常态化地存在于人们生活周围，当欲望在利益的诱惑下难以自持时，人的道德自律性就容易降低或缺失，从而发生危害他人、危害社会的事件。市场经济环境下，因利益主导而产生的道德滑坡现象时常在社会生活中出现，这就显著表现出道德与社会经济发展密切关联的特征。道德的社会作用是通过道德调节、认识、激励、导向等功能的发挥来影响社会风气和社会观念的。阶级社会发展的历史证明，任何社会形态，如果道德观念建设与社会生产力发展相适应，道德将会有力促进社会政治、经济、文化的发展，使社会文明程度得到显著提升。

（2）伦理

伦理，人伦之理。"伦"指关系，"理"指常理。"伦理"一词的最初本意是指事物的条理。《礼记·乐记》云："凡音者，生于人心者也。乐者，通伦理者也。是故知声而不知音者，禽兽是也；知音而不知乐者，众庶是也。唯君子为能知乐。"任何乐曲，必有韵律，也就是音调的条理，否则杂乱无章，就谈不上好听了。广义而言，世间的美，皆为条理使然。人与人之间的关系亦是如此，人际和谐，也可类比于有"条理"，只是和谐包含着人的主观意识，更多地取决于人自身的道德自律。随着社会的发展，伴随国家、民族矛盾的增多，人与人之间的关系变得越来越错综复杂，于是伦理一词逐渐侧重于表达人与人之间相处的道德规范。儒家文化中的"忠、孝、悌、忍、善"表明了其思想主张中仁义的核心，是为五伦。《孟子·滕文公上》中的"使契为司徒，教以人伦：父子有亲，君臣有义，夫妇有别，长幼有序，朋友有信"是五伦的具体阐述，也是儒家思想对于人际关系的基本要求。与伦理相近的词有天伦、伦常、伦序等。从这些词中，我们对"伦"应该有一个既基本又深刻的理解，即"伦"为"自然关系"。所谓"天伦之乐"必是指因符合人类自然繁衍生息规律而产生的乐趣。在人类历史发展中，人们对幸福美满生活的渴望和探求从未停止过。许多带有"天"的词语都带有伦理意境，也是这种渴望和探求的表达，如"天经地义""天作之合""天人合一""丧尽天良""人在做，天在看"等。

世世代代，生生息息，在意识形态上能够左右人类社会前行轨迹的，唯有伦理。人世间的杀伐掠夺，社会中的构筑摧毁，自然界的弱肉强食，内心里的高尚卑劣，皆为伦理遵循与否的结果。想一想人们的衣食住行，为了生存，人们需要创造；为了生存，人们也需要依靠。在创造和依靠中，融入人自身的道德水准，于是无数的伦理现象就出现了。人类文明历史发展至今也充分证明，人与人之间的伦理关系及由此产生的社会万象构成了世界潮流的洋洋大观。

因不同的社会环境和社会领域包含着不同的伦理问题，或者说伦理现象在不同的社会现实中对人类文明进步的道德作用有所区别，因此在很多社会领域都形成了对伦理进行研究的专门学科，工程伦理就是一个分支。古今中外，大到战争，小到人们之间的矛盾，可以说伦理问题充斥在时空的每一个角落。伦理对社会文明发展的影响是显而易见的，历史长河中的点点滴滴都说明了这一点。比如商鞅变法，这一事件对人类文明进步的积极意义是毋庸置疑的。可以说，商鞅以一己之力推动了社会的文明发展，而他所面临的人际关系的复杂性和善变性是他始料未及的。深明大义，欲一展宏图，却触动了权贵的利益，也是人性中最险恶的私欲，在奴隶社会带有野蛮特征的人际交往中，结局的惨烈也就不足为奇了。这期间包含了义与利最直接的交锋，其伦理意蕴的深邃让人刻骨铭心。从普遍意义上讲，在社会现实中，人只要不是私欲膨胀，便不会做出有违伦常之事。也就是说，人的穷通得失是社会伦理遵循的根本。

（3）道德与伦理的逻辑关系

道德（morality）与伦理（ethic）两个概念是相通的，表达的都是人的本性方面的意识形态内容（图1-1）。人们常常将两个词放到一起，即"道德伦理"，用来阐述社会的伦常观念。然而这两个词是有区别的，从其用词语境可以体会出来。比如可以说一个人的道德好与坏，而不能说一个人的伦理好与坏。也就是说，"道德"一词可以直接用来评价个体的品性，而伦理则不能。从词义划分来看，"道德"一词带有褒义，说一个人有道德，就是赞扬这个人的品性好。而伦理则是一个中性词，不能说一个人的伦理是好是坏。可以看出，"道德"一词的作用对象是人的个体，是对人自身所具有的涵养、品质、态度、精神等的评价。从康德的道德义务论可以深刻地体会出道德自律是作用于个体内心世界的品性根本。

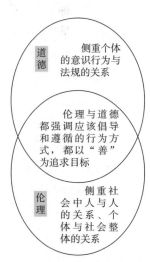

图1-1　道德与伦理的概念

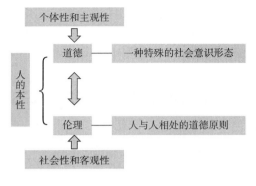

图1-2　道德与伦理的逻辑关系

"伦理"一词的作用对象则是包含两个以上个体的群体，是对人们之间关系的道德评价。由此可见，道德具有个体性和主观性的特征，而伦理则具有社会性和客观性的特征。如果用于准则、规范，那么二者是可以互换的，可以说道德准则、规范，也可以说伦理准则、规范。道德与伦理的逻辑关系如图1-2所示。

道德和伦理作为人性中的意识形态，二者时时处处都紧密相连，因为每个人在社会生活中都不是孤立存在的，都是社会生活的一份子。亲朋好友，同事邻居，工作学习，出行娱乐，亲密无间，素不相识，无论哪种情况，都属于人与人之间社会关系的范畴。个人的个性品质必定会在体现社会关系的生活实际中显露出来，在与包括亲人、朋友在内的他人打交道中有意无意地表达传递，从而对社会产生作用和影响。亚里士多德说，"自然赋予我们接受德性的能力，而这种能力通过习惯而完善""一个人的实现活动怎样，他的品质就怎样"。显然，亚里士多德认为人的道德水准不是与生俱来的，而是来源于"习惯"和"实现活动"，而"习惯"和"实现活动"又必然离不开社会交往。于是在社会交往中涉及道德的伦理关系也就成为必不可少的了。总而言之，道德和伦理与每个人的一生都息息相关，对道德和伦理及其关系的认识和理解，对于增强人的自我修养意识，培养关爱他人、奉献社会的精神品质是至关重要的。

1.1.4　伦理观

伦理观就是基于道德领域的对人伦理性的认识观点。从哲学上讲，伦理观是人们对于伦理问题的根本看法和态度，是人的世界观、人生观、价值观的集中体现。伦理观是社会道德观念的外在化，属于主观和客观的行为关系，表现为显性的社会群体规范，它具有外在性、客观性、群体性的特征。"人之初，性本善"就是人类最本能的伦理观。伦理观作为行为的判断标准，它按照风俗，习惯和观念的检验和反省来对行为进行社会标准判断。

树立正确的伦理观是一个人在社会上安身立命、待人接物、自身发展的基本态度。事实上，在任何一种社会形态下，政权部门制定的各种制度法规，都是以维护社会基本道德伦理规范为前提的，也是强制人们固守人类普世的道德伦理观念，促进社会文明进步、和谐繁荣的必要手段。不可否认，人作为具有意识和思维的生物体，在任何时候都具有社会属性和动物属性的两面性。在一个文明程度高的社会，如果人的理性的社会属性占主导地位，社会的伦理价值基础就厚实；反之，当社会经济发展不均衡，贫富差距悬殊时，人的动物属性就会暴露无遗，贪婪成性、违背纲常就会横行社会，危害人类。由此可见，伦理和伦理观并不是孤立存在的社会现象，而是受社会经济、政治、文化、风俗等多方面影响的。一个成熟的社会，应该宣传弘扬正确的伦理观，把伦理观教育落实在社会的各个层面。

1.2 工程概述

1.2.1 工程的概念及属性

（1）工程的概念

工程是将自然科学的原理应用到工农业生产部门中而形成的各学科的总称。这些学科是利用数学、物理学、化学等基础科学的原理，结合生产实践中所积累的技术经验而发展起来的，其目的在于利用和改造自然来为人类服务。工程的过程如图1-3所示。工程学科包括许多分支，如机械工程、电子工程、建筑工程、食品工程、纺织工程等。工程的核心任务是设计和制造尚未存在的事物并寻求问题的答案，直接或间接地服务于社会。工程的具体内容包括对工程基地的勘测、设计、施工，原材料的选择，设备和产品的设计制造，工艺方法的研究等。工程的本质是利用自然材料和科学技术在不同领域创造不同的事物。在工程活动中，围绕要建造一个新的有形物的工作目标，集成各种工程要素，包括科学技术、资源环境、社会经济、文化政治等，发挥工程技术人员的主观能动作用，制订项目计划，做好方案设计，安排制造流程，力求取得最佳工程效果。

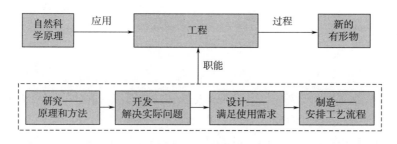

图1-3 工程过程

"工程"一词对多数人来说都耳熟能详。但无论对"工程"一词多么熟悉，作为追求更好地生存与发展的个体，作为有志于投身创造的受教育者，都应该从概念入手，深刻地认识工程，理解工程。工程是一种将人们构思、设计中的物的实体实现出来的主观行为，这种行为的突出特征是它的实践性、组织性和规律性。所以工程可以说是基于实体构建的有组织的社会实践活动。面对历史进程中存在或曾经存在的世间万物，面对社会的物质文明进程，我们必须认识到工程发挥的无可替代的作用。在工程活动过程中，人们不断地应用科学原理，探寻事物发生发展的内在规律，由此形成了工农业生产不同领域基于科学原理应用的知识体系，即所谓工程学科。故"工程"一词的含义有两层，一是实践活动，二是学科总称。

着眼于实体构建的工程是狭义的工程概念。如果将工程的外延拓展，将其拓展至文化、精神的层面，就产生了通过物的建构致力于社会普遍文明价值观念提升的广义工程概念，如希望工程、扶贫工程、爱心工程等。再进一步拓展，由物的建构引申到普遍意义的实践活动，再深入深刻的思想领域的实践变革，就产生了思想建设工程的概念，如党的十九大报告提出的"党的建设伟大工程"，就是触及灵魂深处，涉及社会各领域的深刻意识形态和组织变革。当然，在本书中，我们还是将工程的含义聚焦于基于"物的建构"的社会实践活动。

（2）工程的属性

工程是伴随人类认识活动和文明进步的历史发展而产生和发展的。它起源于人类生存的需求，包括对最基本的衣食住行的需求，特别是对赖以生存的工具的需求。人类为渴求获得生存的条件，进而追求生活的美好而进行的辛勤劳作，不断创造制作、建构出无数新的现实存在物，从石器到硅器，从手工到智能，从土屋窑洞到高楼大厦，从荆钗布裙到绫罗绸缎……所有这些都构成了人类工程活动的发展历史。现代工程源自古代，但其内涵已经得到极大的拓展，主要表现在现代工程的理论基础、技术手段、组织管理体系等方面。

工程具有如下属性：

①工程的实践性。无论是工程的内部人员、技术要素还是外部环境要素，实践性都是工程的最突出特性。将工程定义为"有组织的社会实践活动"实际也就是在强调工程实践性的属性。

②工程的社会性。工程的目标是服务于人类，为社会创造价值和财富。工程的产物要满足社会的需要。工程活动的过程受社会政治、经济、文化的制约，其社会属性贯穿于工程的始终。

③工程的创造性。创造性是工程与生俱来的本质属性。在工程活动中，通过科学和技术的结合并应用于生产实际中，从而创造出经济效益，创造出具有文化特征的"工程物"。

④工程的价值性。在符合政策法规要求的前提下，通过工程活动的实施，取得一定的工程利润，这是工程的经济价值。此外，工程活动的开展，应该在正确的价值观指导下进行，由此使工程在促进社会文明进步，给人们带来精神愉悦方面发挥作用，也就是工程的精神和文化价值。

⑤工程的综合性。工程的综合性一方面表现在工程实践过程中所使用的学科和专业知识是综合的，必须综合应用科学和技术的各种知识，才能保证工程产出的质量和效率；另一方面也表现在工程项目在实施过程中，除技术因素外，还应综合考虑经济、法律、人文等因素，只有这样，才能保证工程能够获得最佳的社会和经济效益。

⑥工程的科学性与经验性。遵循科学规律是保证工程顺利实施的重要前提。同时，为使工程能够达到预期效果，要求工程的设计和实施人员必须具备较为丰富的相关领域实践经验。

⑦工程的系统性。任何一项工程都是由许多要素构成的，并且这些要素之间存在密切的联系，只有这样，工程活动才能有序进行，并最终实现预期目标，发挥其设计功能，同时产生效益。

⑧工程的伦理约束性。工程的最终目的是造福人类，因此，为了确保工程用于造福人类而不是摧毁人类，工程在应用的过程中必须受到道德的监督和约束。尽管工程为人类做出了巨大贡献，但是如果缺乏道德制约，它对人类生活也会产生破坏性乃至毁灭性的影响。

1.2.2 工程的本质

从对物的获取和改变角度来看，工程的本质是建造。对基于建造的工程本质的理解，可以从工程目标和结果着眼。创建满足个体生存和发展需求的人工存在物是工程追求的目标，同时也是工程实施的结果。在这个层面上，人工存在物的实现是工程实践活动作用的结果。

因此可以说，工程实践活动是工程核心意义上的本质。应该说，作为存在物构建的工程，是人们对工程本质最本能和最直观的理解。这是由人的生存和社会属性决定的。许多先哲和学者围绕"物的建造"和"实践活动"对工程的本质做了精辟的阐释。殷瑞钰院士在《工程哲学》一书中，明确指出工程的本质为"造物的实践活动及过程"，是"各种工程要素的集成过程、集成方式和集成模式的统一"，其中着重强调工程是"实践活动过程对工程要素的集成"。在基于物的观点理解工程本质的基础上，其概念外延可以从以下几方面进行深入探究。

建构的本意是物的构思、设计和建造。在文学艺术创作、社会科学研究中引申为作品或研究成果形成框架并进一步填充内容的过程，是一种意识形态的建构。从建构的角度审视工程的本质，直观而自然。无论是物的建构还是意识形态的建构，都能使人清晰明了地理解工程的本质。这里我们更多地强调物的建构，从最直接工程建造的层面探寻工程的本质。沿着人类生存发展的轨迹可以看到，从简陋的石器到叉凿斧锯等工具的发明使用，从最原始的栖居住所到豪华宫殿的建造，从荆钗布裙到绫罗绸缎，无论是为满足最基本的生存，还是显示贵族的身份地位，抑或是战争中军事谋略的表达，工程建构的步履伴随时代的变迁从未停歇过。

工程的价值属性是毋庸置疑的。无论是"物"的形态建造的工程，还是思想领域意识形态"建造"的工程，究其根本，是要创造一定的价值，或者说是在一定的价值观引导下实现对某种价值或某种境界的追求。从人们普遍理解的经济学范畴看，价值作为商品的一种属性，它体现的是商品满足社会需要贡献度的大小以及在构建商品过程中耗费社会有效劳动力的多少。价值直接的表达和评判物是货币。对于工程而言，无论是狭义还是广义理解，它都离不开服务经济社会的基本目标。因此现实中的工程活动必然要受经济规律的影响和约束。建立在"造物"基础上的工程概念，与商品经济价值是密不可分的。无论是三峡大坝的建造工程，还是智能手机的研发工程，其经济价值的体现——获取利润都是不可回避的。对于大多数产业工程项目来说，获取利润往往是决定项目命运的首要因素。

站在价值和价值观的角度审视工程的本质，必然会涉及工程伦理问题。在工程行为中，价值观取向必须得到高度重视。因为价值观取向体现了人作为主体在构思、决策、实施工程活动中所持的基本立场和态度，它深刻揭示出对工程起主导作用的人的本质要素在工程实施过程中发挥的作用，特别是价值引导作用，从而左右工程的社会价值走向。同时，它也通过工程这一具体事物集中反映出不同群体和个体的普遍价值观，甚至可以在实践中改变价值观。由此，可以引申出工程中的伦理现象。伦理是一个道德范畴的概念，它所体现的深意正是人的行为及其价值对社会的影响。工程涉及的要素非常丰富，特别是政治、经济、法律、环境等方面的要素，不可避免地存在价值取向的问题，也就是工程伦理的问题。是造福人类还是毁灭人类，这是工程活动存在意义在伦理上的根本区别。战争年代，一些反人类的工程不顾伦常，大行其道，摧毁了多少人类古老灿烂的文明；经济建设年代，为一己之利，破坏环境，弄虚作假，借工程之名，取功利之实，损害着包括人自身健康在内的人类赖以谋取幸福、持续发展的资源根基和信念根基。

1.2.3 工程与科学、技术、产业

科学发现、技术发明、工程建造、产业生产是四种不同类型的社会实践活动。正确理解和认识四者之间的辩证关系，对于科学、技术的发展创新，工程活动的决策、运行，产业生产的效益产出都具有重要的现实意义。科学、技术、工程、产业的概念和特征见表1–1。

表1–1 科学、技术、工程、产业的概念和特征

名词	概念描述	突出特征
科学	科学是一种理论化的逻辑连贯的知识体系，是人类探索真理、发展和修正自身的实践活动，是人类认识、解释、探索世界的方法和手段，是人类社会结构、文化体系的重要组成部分	①探索发现 ②客观性和发展性 ③解决"是什么""为什么"的问题 ④主角是科学家
技术	人类为满足社会需要，运用科学知识，在改造、控制、协调多种要素的实践活动中所创造的劳动手段、工艺方法和技能体系的总称，是人工自然物及其创造过程的统一，是在人类历史发展中形成的技能、技巧、经验和知识，是人类合理改造自然、巧妙利用自然的方式方法，是社会生产力的重要构成部分	①发明革新 ②操作形态、实物形态、知识形态 ③自然属性和社会属性 ④主角是发明家
工程	将自然科学的原理应用到工农业生产部门中而形成的各学科的总称，是一种解决特定实际问题的活动过程，当技术从观念形态向实物形态转化，其转化过程作为一种活动的存在，就是工程。工程是技术的动态系统	①集成建造 ②新的存在物 ③实践性、创造性、系统性、经验性 ④主角是工程师
产业	建立在各类专业技术、各类工程系统基础上的各种行业的专业生产及社会服务系统。产业生产活动是指同类工程活动、运行效果及投入产出的集合	①经济效益 ②标准化 ③可重复性 ④主角是企业家

科学、技术、工程、产业四者在对象、行为、活动等方面是不同的。科学以探索发现为核心，技术以发明革新为核心，工程以集成建造为核心，产业以经济效益为核心。在明确区别的同时，还必须重视四者之间的关联性和互动性（图1–4）。

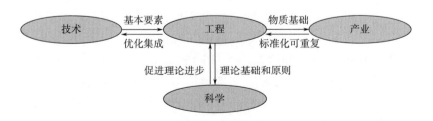

图1–4 科学、技术、工程、产业的辩证关系

（1）工程与科学

科学是工程的理论基础和原则。现代工程活动以集成建造为核心，如果没有科学理论基础，工程活动将无法正常开展，工程建造存在物的可靠性就难以保证。直观来看，科学理论是知识形态的存在，工程活动是物质形态的存在，在工程的诸多要素中，科学是最基础的。

工程的所有技术要素都来源于科学原理。没有空气动力学的理论基础，就不会有航空技术和工程的快速发展；没有原子物理的科学原理，就不会有核技术及工程的产生和发展；没有微积分、线性代数等数学基础，现代工程和技术将会停滞不前。工程必须遵循科学理论的指导，符合科学的基本原理。

工程在集成建造活动中往往会发现新问题，反过来又促进科学理论的进一步发展。科学理论不是静态和一成不变的，工程实践活动是促进和完善科学理论的重要因素。人们在科学研究中经常根据现象和现有知识提出一些假说，其正确性除必要的理想状态实验验证外，工程实际应用是使之成为真正科学理论的必由之路。由此可见，科学的探索发现与工程的集成建造这两种相对独立的创造性活动，实际上是一个互为条件、双向互动的辩证过程。

（2）工程与技术

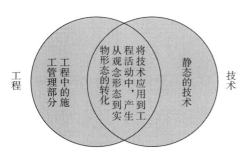

图1-5　工程与技术

工程与技术的界限往往容易混淆，主要是由于工程与技术存在固有的密切联系。人们常说的"工程技术"一词，实际上指的就是技术，是人们将科学知识的研究成果应用于工业生产过程，以达到改造自然的预定目的的手段和方法。工程是一种活动，强调动态过程，而技术是活动过程中使用的手段和方法。技术与工程的关系如图1-5所示。

技术是工程的基本要素，单一技术或是若干技术的系统集成决定了工程的规模和水平。技术作为工程的要素具有局部性、多样性和不可分割性的特点。完成一项工程需要多种要素的综合作用，技术只占其中的一部分；工程中的诸多技术要素根据其发挥作用的大小从而有不同的地位，它们之间往往存在着不同的功能，所谓关键技术和一般技术就体现了技术在工程中的地位和作用；不同的技术作为工程构成的基本单元，在工程环境下以集成形式构成工程整体，形成有效的结构功能形态。例如，在汽车产业工程中，发动机技术无疑是汽车整体工程的关键技术，其他如制动技术、调速技术、转向技术、智能安全技术、车身技术、电器技术等在工程过程中发挥着不同的作用，但所有这些技术构成了汽车工程中不可分割的整体。

工程是技术的系统集成优化。构成工程的各技术要素是有机联系组织在一起的，并形成一个系统的整体，其中涉及的技术有核心和辅助之分。工程作为技术的系统集成具有统一性、协同性和相对稳定性的特征。工程都是以统一整体的形式出现的，所涉及的技术必须相互协同配合，同时，各技术应有序有效集成，其功能和结构在一定条件下具有相对的稳定性。技术可以是知识形态的，也可以是实物形态的，当从知识形态向实物形态转化时，就产生了工程活动（图1-6）。

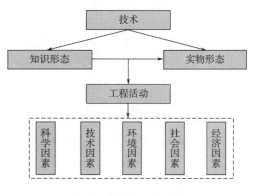

图1-6　技术与工程活动

（3）工程与产业

产业是建立在各类专业技术、工程系统基础之上的各种专业生产以及社会服务系统。产业的组织形式就是企业，企业是从事生产、流通或服务活动的独立核算经济单位。产业生产活动是把同类工程活动组织在一起，利用技术、工艺、管理等手段获得产品，进而取得经济效益。产业生产活动的主要目标是以工程活动为基础，最大限度地获取经济效益。

工程是产业发展的物质基础。工程类型和产业分类具有较强的对应性，如机械工程对应装备制造产业，纺织工程对应棉纺、化纤、织造、制衣产业，冶金工程对应钢铁、有色金属产业等。一些大的工程项目，如三峡工程、高速铁路工程、南水北调工程等，其建设过程和运行过程，往往会形成相关多种产业，也会形成产业发展的必要条件和基本要素。工程活动作为产业发展的基本内容和物质基础，推动着技术经济的升级换代，深刻地影响着人类生活的各个方面。

另外，产业生产是标准化、规范化、可重复的工程活动。产业生产活动以经济效益为最终目标，以生产出满足社会需求的产品为基本途径。在整个过程中，标准化、规范化生产是提高生产效率、保证产品质量的重要前提。同时，只有实现可重复性生产才能持续不断地满足社会日益增长的物质需求。在现代产业中，标准化是促进技术进步的重要手段。实现高度的标准化，是不断扩大生产规模、提高技术水平、加强分工协作、协调部门管理、获取最佳效益的必要途径。

1.3　工程伦理

近年来，人们深刻感受到了工程科技的飞速发展给生产生活方式带来的巨大变化，也感受到了信息技术和市场经济为国家带来的前所未有的欣欣向荣景象。然而，在欣慰之余，也会看到市场经济环境下出现了许多与工程相关的乱象，在工程领域为无度攫取高额利润而无视道德伦理的现象已非个例。假冒伪劣、偷工减料、野蛮施工、虚假宣传的案例频频曝光，工程隐患、工程事故给人们带来的伤害，给社会文明造成的阴影触目惊心。究其根本，是一些人在利益诱惑下良知丧尽，抱着投机心态铤而走险，最终酿成祸端。在市场经济环境下的工程活动中，如何把握工程造福人类的目标？如何看待义与利的关系？如何选择正确的行为？这就需要在工程技术人员心中树立强烈的道德自律观念，工程伦理的学习和掌握不可缺少。

1.3.1　工程伦理的概念

工程伦理，顾名思义，就是工程领域中的伦理现象。作为工程学科的学生及未来的工程技术人员，深入剖析一下工程伦理的内在含义是有必要的。提到工程，必然会涉及工程实践的具体过程，也就是从方案设计到建构制作的整个过程。其中包含着人、财、物等多方面的要素。前面讲过，工程的本质是造物，工程的目标是要得到有形物。从人类社会文明进步趋势看，这里的"物"一定是要给人类和社会带来福祉的。然而，通过梳理工程发展的历史可以发现，由工程带来的社会悲剧并不少见，无论是战争年代还是和平年代，工程产品、工程建构造成人身伤害和心理创伤的案例比比皆是，给社会带来的祸端时有发生。如图1-7所示，可以看出工程对社会文明进步的两面性。

图1-7　工程作用的两面性

1986年4月，苏联发生的切尔诺贝利核事故，是人类工程史上永远的痛，对一方水土的灾难影响，对后世子孙的身心戕害触目惊心，让人不寒而栗。许许多多的工程事故，或别有用心的人有意为之，或疏忽大意酿起祸端，总会成为社会文明进程中的浓重阴影。单从这个角度看，对工程进行伦理反思都是极为必要的。

工程活动不是个体的行为，围绕工程形成的共同体包括决策人员、管理人员、技术人员、施工人员等，其中的关系错综复杂。如果一切都是歌舞升平、和谐共事，谈及伦理确也有些多余。然而，人性不等，人心叵测，观念不同，认识不同，品性不同，由此形成的矛盾交织沉积，工程隐患的因素隐含其中。古往今来，各行各业善与恶的交锋从未停息过，公平正义在工程活动中往往难以真正体现。于是，工程共同体之间或其内部成员为了各自利益，常常进行暗中较量，甚至殊死博弈。为了一己私利，漠视工程质量，造成工程事故，让人痛彻心扉。从中可以感受到，工程伦理是一个意深面广的概念，它对于工程造福于人类目标的实现关系重大。

现代世界，色彩缤纷，可以说是一个工程的世界。在目不暇接、琳琅满目的商品中，有幸福美满，亦含辛酸悲凉。工程带给人间的不光是欢愉快乐，用五味杂陈来形容似乎更为恰当。世间凡是对人性悲欢产生影响的事物，其中必然会蕴含包罗万象的伦理现象。工程作用于人间，悲欢离合，悲喜交加，不一而足。由此可见，工程伦理对于社会文明发展的影响和重要意义当无可非议。为了让工程始终行驶在增添人类福祉的轨道上，除了建立健全法规外，从道德层面探究工程活动的运行机制，教育人们加强内心自律，正确对待利益，树立良好的道德观念也是十分现实且必要的。从这个意义上讲，工程伦理是研究工程技术活动中存在的道德准则体系的学问，它对工程目标的指向和实现具有重要的引导作用。

1.3.2　工程的伦理观问题

工程系统汇集了科学、技术、经济、法律、文化、环境等要素，其中的许多因素与伦理问题密不可分，或者说，伦理在工程系统的各要素中起着重要的定向和调节作用。在工程活动中存在着许多不同的利益主体和不同的利益集团，诸如工程的投资者、承担者、设计者、管理者和使用者等。伦理学在工程领域中必须直接面对和解决的重要问题就是如何公正合理地分配工程活动带来的利益、风险和代价。事实上，伦理问题在整个工程活动过程中都会时时存在，如在设计阶段关于产品的合法性、是否侵权等问题；在签署合同阶段会出现恶意竞争等问题；在产品销售阶段可能存在贿赂、夸大广告等问题；在产品使用阶段可能存在没有告知用户有关风险的问题。

工程伦理是一个极现实的问题。在工程建设中出现伦理问题，细想一下，可能使我们不寒而栗。比如战争永远有正义和非正义之分。非正义即指伦理观的堕落。而战争所依赖的军事工程——所有为军事服务的器械、设施就成为人类最危险的"工程物"。和平年代，当把工程过度地当作谋生或致富的手段时，伦理观也会出问题，所表现出来的就是豆腐渣工程、假冒伪劣产品等。

工程的对象是出于一定目的需要建构的"物"，而这样的"物"的价值有二，一是通过其具备的功能为社会提供预期的服务；二是借助为社会提供的服务为工程的实施方带来利益。伦理问题就在这二者之中产生。工程的伦理观很大程度是指工程的主体——施工人员特别是管理者和技术人员对工程的价值持有的观点。当工程的伦理观出现问题时，工程就会存在很大风险。因为从道德领域看，一个人内心最深处的东西实际就是伦理观，他也许自己意识不到，但通过行为能够表现出来。伦理观如果不正确，工程人员就不能把工程完美实现服务社会、造福民众的功能作为责任和使命，就会为获取私利而做手脚，或因责任心不强而疏忽工程的某些环节。于是就会形成工程隐患。在极端的情况下，伦理观有问题的工程人员或因心胸狭隘发泄情绪而用工程手段去破坏工程，破坏人们精心建造的美好环境。

2008年，发生在河北石家庄的三鹿奶粉事件，让很多人认识了一种有害的化工原料——三聚氰胺。可以说这种认识的提高极具讽刺意味。将致癌、致畸的物质加入婴儿奶粉中，只为满足那贪得无厌的私欲，人性的丑恶何至如此！那些没有辨识能力的婴儿，只顾吸吮着本应是成长养分的"美食"，对养育他们却同样缺乏辨识能力的妈妈露出天真的笑脸。想象着一个个受到伤害的幼小身体和心灵，每一个善良的人心中的愤怒难以言表。这些人用伦理观出了问题来描述未免过于轻描淡写。

1.3.3 学习工程伦理的现实意义

谈及教育目标，我们历来都强调"德才兼备"。也就是说，身心全面发展的教育目标包含着道德意识和知识层次两方面的追求，是缺一不可的。对于工程教育而言，工程原理、工程设计、工程建造都与人们的现实生活息息相关，与人们生活幸福感的获得紧密相连。工程人才肩负着工程目标实现的责任和使命，特别是工程质量和功能的保障。因此，在人才培养过程中，必须兼顾能力和品质培养，而且要把人格塑造放在首位。图1-8表明了基于能力和品质的用人之道，从中可以体会到道德伦理对于人才培养的重要性。工程对于人格塑造有三个层次的影响。首先是生存层次。把工程作为终身的职业，作为安身立命的手段，这需要培养学生踏实肯干、任劳任怨的工作精神和态度。其次是发展层次。工程的过程可以激发人的热情，促进人的心志成熟，使人对愿景的追求更加迫切。最后是奉献层次。这是人生的一种境界，是在工程造福于人这一根本目标激励下产生的关爱他人、回馈社会的思想观念。这三个层次是一个阶梯上升的过程，每一个阶梯都是人格塑造的质的跨越。

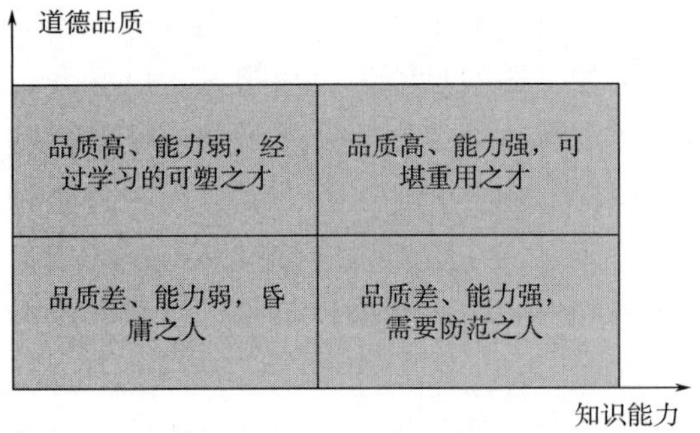

人格塑造的重要方面是工程伦理意识的不断加强。工程伦理是工程技术人员在工程岗位

图1-8 基于能力和品质的用人之道

上的道德遵循之理，不具备这样一个"理"，工程师的价值观就会出现偏颇，工程活动的质量和功能实现就可能出问题，进而形成工程隐患。在市场经济的现实社会中，利益至上常态化地存在于人们身边，工程领域更是难以例外。面对利益的诱惑应该如何选择？应该如何规范作为工程技术人员的行为？这些都是由人的善良之心、关爱之心、感恩之心决定的，而伦理意识的加强在其中扮演着极其重要的角色。由此可见，在大学学习阶段，工程伦理意识的培养，是每一名工科专业学生在其成长过程中必须正视和强化的重要内容，从工程伦理中可以找到一名工程师的良知人性，可以塑造一个奉献社会的美丽心灵。从以上阐述中，我们可以感受到学习工程伦理的现实意义，归纳起来有以下三方面：

（1）增强工程风险意识

在日常生活、学习、工作中，可以说风险无处不在，许多风险存在于工程建造物中。人们赖以生存和发展的工程场所是否安全？时有发生的工程事故让人们心存隐忧。从图1-9中可以看出来，看似平常的工程建构其实都隐含着工程风险，认识到这一点，并非想让人们担惊受怕，而是增强防范意识。特别是工程技术人员，应时刻提醒自己肩上的责任和道义。

（2）增强职业生涯的责任意识

提到责任，就会想到平添内心沉重感的各种工程事故。那些场景，那些冤魂，无声地呼唤着人们的良知。每个人的职业生涯，为了更好地生存是必然的，为了追求生活的美满也是理所应当的。然而职业生涯目标的选择，必须将内心的道德自律作

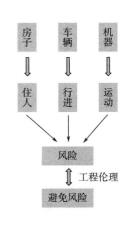

图1-9　工程风险与工程伦理

为基本支撑，也就是说在自己的工作岗位上，应该把不给他人和社会造成伤害作为自己从业的底线。无数的责任事故警示我们，这是工作的底线，也是做人的底线，工程技术人员尤应如此。

2020年3月，发生在福建泉州的欣佳酒店倒塌事故，夺去了29个鲜活的生命。设计校验、施工资质、质量标准、消防安全、经营许可……这么多审批环节竟能匪夷所思地轻松越过，使得一个个安全关口相继失陷。由于一连串的责任缺失，本能避免的事故发生了。善良的人们，怎么能想到像家一样的住所竟藏匿着贪婪侥幸的污垢？经营者私欲膨胀的品性，官员们漠视生命的麻木，共同导演了这幕工程惨剧。此时，正值举国抗疫的关键时期，该酒店成为隔离场所的选定过程，同样存在责任缺失。为了私欲，不计后果，肆无忌惮，道德意识荡然无存，这就是人性的恶，隐藏在华丽的背后，对毫无防备的人痛下杀手。

100多年前，在加拿大魁北克，一座大桥在即将竣工之际轰然坍塌。桥面上正在为这座当时世界上最长跨度钢悬臂桥的建成而剪彩庆祝的80多人瞬间跌落到湍急的河流中。事故造成75人死亡，魁北克大桥建设失败。桥梁坍塌的原因是工程设计师盲目加大了桥梁的跨度，却没有对荷载情况进行精确校验。事后，为纪念逝者，警醒后人，政府部门用钢材锻造了7枚戒指，赠予国家工程学院的7名毕业生。这就是有名的"工程师之戒"。

经验教训是事故留给人们的无价之宝。从以上案例中，我们都会掂量出"责任"的分量。工程责任隐含的是生命消失，是财产损失，是心灵伤害，更是离别之痛。工程伦理以责

任为先，这一点，当理解了遍布工程的伦理现象对人们生活的影响时就会有切身的感受。现实中，包括工程技术人员在内，对于出现的问题，人们往往习惯于敷衍塞责，习惯于轻描淡写，"不小心""大意了"的托辞，掩盖内心对责任的轻视。工程伦理的学习，对于工程技术人员涵养品性，增强职业岗位的责任意识，意义重大。

（3）增强工程造福于人类的信念

每天，我们都会看到、使用许许多多的工程建造物，或许不假思索、习以为常，或许认为理所应当、天经地义。实际上这些工程物多多少少地都在满足着人们的各种需求，增添着人们生活的幸福感。工程造就了文明，工程也会摧毁文明，一切都取决于工程实施者内心的品性。社会进步的潮流决定了工程造福人类的铁律。这个铁律能否牢不可破，值得每一名工程从业者深深思考。爱因斯坦说："如果你们想使你们一生的工作有益于人类，那么，你们只懂得应用科学本身是不够的。关心人的本身，应当成为一切技术上奋斗的主要目标。关心怎样组织人的劳动和产品分配这样一些尚未解决的重大问题，用以保证我们科学思想的成果造福人类，而不致成为祸害。在你们埋头于图标和方程时，千万不要忘记这一点。"这其中包含对工程学子的谆谆告诫，语重心长。

学习工程伦理，会培育心志，崇尚善良，磨炼品性，追求美好。这些都是工程人员应该具备的道德品质。唯有深刻认识工程的目标是为人类社会增添福祉，才能在工程职业岗位上秉持信念，坚守良知，担当职责；才能沿着宽广的人生之路阔步前行，成就自我，关爱他人，奉献社会。

（4）增强自身的人文素养

理工和人文，看似两条不相交的人生轨迹，实则二者的交融度非常高。《易经》有言："观乎人文，以化成天下。"人文之于天下，何其了得。人文是什么？是社会的文化现象，是体现人的价值的思想观念，是社会生活的精神和态度。由此联系到工程和工程伦理。工程的环境要素包含着广泛的内容，其中人的要素至关重要。人的天性就是人与生俱来的脾气秉性，有人懦弱，有人强悍；有人自卑，有人自信；有人急躁，有人温和。怎样淬炼积极向上的品性？这就要靠好的学习和好的实践锻炼。工程伦理中包含的学习内容非常丰富，既有社会历史和现实中的大量案例，可以从中汲取经验教训，理解人性本质，丰富人们的内心世界；也有充满人文主义韵味的理论知识，包括政治、历史、技术发展、哲学等；更有深刻的马克思主义历史唯物观和辩证唯物观的内容。比如从一些古代工程（长城、运河、园林、宫殿等）的建设和作用中，我们既可以认识到封建统治阶级为满足自己的意愿，不顾劳苦大众的生死，压榨和逼迫他们去完成庞大的工程任务；同时也可以感受到中华民族的精神和意志，感受到能工巧匠们为民族文化传承付出的辛劳和贡献的智慧。其中蕴含的伦理意境不可谓不深邃。

工程的实用价值和风格象征具有对历史和现实的明鉴意义，也永恒发挥着促进社会文明进步的作用，其中包含了深厚的人文情怀，而这些人文情怀往往都是通过伦理思考得到的。因此，学习工程伦理，有益于增强自身的人文素养，对优秀品性的形成具有良好的促进作用。

分析思考题

1. 认真梳理"工程""伦理""工程伦理""道德"等概念的要义，结合自己的专业学习思考这些词汇相互间的联系，写出感想。

2. 都江堰是我国古代一项水利工程，建造年代距今约2300年，至今仍在发挥作用。请从工程目标的角度简要分析都江堰工程的伦理意义。

3. 结合本章中"欣佳酒店""工程师之戒"的工程案例以及下面文字所述的工程事故案例，思考在工程实践中作为工程技术人员应该具有怎样的道德品质和伦理思想。

2020年8月29日，山西省临汾市襄汾县陶寺乡陈庄村聚仙饭店发生坍塌事故，造成29人死亡、28人受伤，直接经济损失1164.35万元。应急管理部有关负责人表示，该事故发生的原因是聚仙饭店建筑结构整体性差，经多次加建后，宴会厅东北角承重砖柱长期处于高应力状态；北楼二层部分屋面预制板长期处于超荷载状态，在其上部高炉水渣保温层的持续压力下，发生脆性断裂，形成对宴会厅顶板的猛烈冲击，导致东北角承重砖柱崩塌，最终造成北楼二层南半部分和宴会厅整体坍塌。

第二章　正确的行为

知识要点

- 理解行为的概念以及对他人和社会的作用
- 理解意愿的行为以及行为与实践的关系
- 把握行为与公平正义的内在联系和相互作用
- 认识不同的伦理立场

【引导案例】大学生魏则西事件

魏则西是西安电子科技大学计算机系学生，因患滑膜肉瘤病于2016年4月12日去世。2014年4月，魏则西父母在得知病情后，先后带着魏则西前往北京、上海、天津和广州多地求诊，均被告知希望不大。魏则西父母并未就此放弃，在通过百度搜索得知"武警北京总队第二医院"后，他们先行前往考察，该医院李姓医生告知可治疗，于是从2015年9月开始，他们带魏则西先后4次从陕西咸阳前往北京治疗，最终未见疗效。以下是魏则西去世前写的一段话："一个姓李的主任，他的原话是这么说的，这个技术不是他们的，是斯坦福研发出来的，他们是合作，有效率达到百分之八九十。看着我的报告单，给我爸妈说保我二十年没问题。这是一家三甲医院，这是在门诊，我们还专门查了一下这个医生。当时想着，百度、三甲医院、斯坦福的技术，这些应该没有问题了吧。后来就不用说了，我们当时把家里的钱算了一下，又找亲戚朋友借了些，一共花了二十多万。结果呢，几个月就转移到肺了……后来我知道了我的病情，在知乎上也认识了非常多的朋友，其中有一个在美国的留学生，他在Google帮我查了，又联系了美国的医院，才把问题弄明白。事实是这样的，这个技术在国外因为有效率太低，在临床阶段就被淘汰了，现在美国根本就没有医院用这种技术，可到了国内，却成了最新技术，然后是各种欺骗。"

魏则西事件的全过程，让无数人感到心痛以至愤怒。求医历程中遭遇的种种"行为"，包括医院的行为、网络的行为、医药人员的行为，其目标共同指向了赚得利益，实际就是骗取钱财，却把对生命的敬畏、医者良心、社会责任置之脑后。"人性的恶"在此事件中显露得淋漓尽致。真想质问那个"李姓医生"，你的良心何在？多想将那搜索引擎背后的利益链条去个粉碎！人去财空，无异于图财害命。在这个尚存光明和希望的社会，这样的悲剧如何才能不再发生？

2.1　行为概述

人的社会生活是由种种行为构成的。有大的行为，如建造三峡；有小的行为，如衣食住行；有实体的行为，如建设高铁；有精神的行为，如祭祀祈祷。工程也是一种行为，是一种满足人们需求的行为，是一种应该给社会带来福祉的行为。需要我们思考的是，作为工程技术人员，应该如何认识理解这样的行为？

2.1.1　行为的概念

行为是一种在一定刺激因素作用下产生的外在表现。从广义上讲，凡是有生命的物质表现出来的一切活动均可称为"行为"。各种各样的行为构成了丰富多彩的动态世界，在生态的万千变化中，行为无时无刻不充当着大千世界的主角，通过繁衍生息、强弱消长推动世间万物的演变进化。事实上，社会生活的主体是人，只有人具有意识和思想，才能去行动实现，才能形成社会发展的方方面面。于是在社会生活中，行为往往用来表达人与人之间相互交往发生的行动。因此一般将行为定义为人受思想支配而产生的外在活动。"受思想支配"一般包括两个过程。一是自主产生了某种思想，在主观意识主导下去实施某种行为，如各种科技创新活动；二是受环境影响或他人授意展开的行为，如完成领导布置的工作任务。人的行为包括行为主体、行为客体、行为环境、行为手段和行为结果5个要素，它们之间的关系如图2-1所示。其中行为客体即行为要达到的目标指向，它与行为结果之间可能相符，也可能不相符。相符就是实现了预期的目的，意味着成功；不相符可能是出乎意料，事与愿违，也可能是由于准备不充分造成的失败。

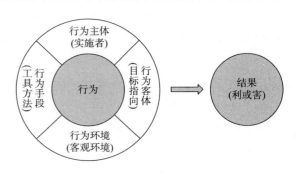

图2-1　行为要素

行为对社会文明的促进或阻碍作用可谓直接和强烈，任何一种积极或消极的社会现象都与一定的人类行为息息相关。中国传统文化中的儒家思想以"仁"为核心，倡导人的行为要讲仁义，懂礼数。《论语·学而》中言："弟子入则孝，出则弟，谨而信，泛爱众，而亲仁。行有余力，则以学文。"其中体现了仁义礼数为先的思想主张。道家思想主张"无为而无不为"，教诲人们凡事应遵循自然规律，唯此才会无所不能。古代西方哲人也从道德层面对人的行为进行了广泛的探讨。亚里士多德认为，人的行为的根源，在于对心中最高善的追求。在康德的心中，崇高的道德自律是一切行为的根本遵循。黑格尔将行为界定为主观、道德意志的外在表现。当今世界，以善的行为促发展，用德的行为谋福祉，代表了东西方价值观念的最大交融。可见用"善意"和"德行"去培育人的心志，推动社会文明进步是古今中外社会发展的共识。

有一门学问，叫作行为科学，它以人的行为特点及其规律为研究对象，是研究人类行为的产生发展、原则规律以及实际应用的一门综合性科学。行为科学融合了心理学、社会学、管理学、经济学、法学等多学科的研究内容，以广阔的视野探讨和发现社会生活中的行为规律，从而达到对人类行为的预测与控制的目标。心理学从认知、学习、思维、动机、需要、心理发展及个性等方面为行为科学提供了大量的研究线索。行为是庞杂的、随机的，从中发现规律并不容易。个体行为主要涉及需求、动机、倾向、目标等，与个体具备的个性品质密切相关。当个体聚集为群体时，个体行为必然会对群体施加影响，而目标和工作任务又在约束着群体。于是群体行为就会出现新的运行模式、组织规则、行事规律和遵循原则。进而也就自然产生了组织行为和领导行为。作为行为科学的研究内容，各种行为之间都是相互关联的。伴随人们的生产生活，伴随社会的发展进步，各种行为规范准则在不同社会环境中发挥着制约作用，或者存在于道德层面，或者形成于法律法规。

加深对行为的认识，审慎地对待行为，会使人的内心更加充满理性，有利于形成敬畏之心和感恩之心，对于好习惯和良好品质的养成意义重大。行为源自心志，其对社会的作用不可小觑。危害性行为扰乱了社会的稳定，其根源存在于人的内心深处，既有人的本性方面的东西，更有道德层面的东西。脾气秉性，善恶美丑，永远左右着人的行为。不要让恶意、冲动、盲目成为行为的主宰，这是人需要接受教育的重要理由，从中也会感受到把控行为的伦理意义。

2.1.2 认识与行为

在大脑中对外界信息进行加工，就是人的认识过程，它包括感知、记忆、思维、想象等。通过不断的认识活动，人的智力逐步增强，人的思维能力渐渐提升。从本能的角度看，行为应先于认识。因为生存的首要条件是肌体所需养分的获得，人的进化当然也必须首先获得充足的食物，无论人是否有认识能力。事实上，人的认识活动源自大脑对客观事物产生印象的意识，在意识产生之前——或许那时候还不能称为"人"——需要为生存而进行本能的斗争，可以说那就是原始的"行为"。在人类社会漫长的岁月里，在认识引导下展开的行为，构成了人类繁衍生息、拼争创造的发展历史。认识，实践，再认识，再实践，这样的循环上升过程，绵延不绝。如果将行为设定为积极地改造世界，促进文明，那么认识就是行为的驱动力。人们不断加深对自然、社会的认识，弄清万物的运行规律，期间的任何行为都是向着造福人类的目标努力。关于认识引发行为，科学研究是一个鲜明的正面例证。通过探索，深刻地认识到了事物的规律，利用这样的规律，去解决生产生活中的问题，形成一个个实用成果，从而推动社会文明进步。历史的车轮，就是这样，徐徐向前。

从伦理的角度审视认识与行为，则应进行更多的反思。世间存在很多违反人伦道德的行为，正义与邪恶的较量从未停止过，社会中的种种不公平总是在戳痛着人们的心。是什么样的认识在为社会的丑陋助纣为虐，推波助澜？毫无疑问，是违背道德良知的认识。这样的认识是如何形成的？首先，是社会环境使然。社会环境决定了社会风气。如果一个社会公德缺失，私欲膨胀，社会的整体认识是利益至上，那么个体行为就会趋向于逐利和炫富。在发展不均衡的市场环境下，这样的现象比比皆是，追逐功利的心态和现象充斥街头巷尾的每一个角落。其次，是个体心态使然。人的心态，与其脾气禀性有关，更与品德修养有关。客观上讲，每个人都是凡夫俗子，每个人都有七情六欲，尽管超凡脱俗是一种理想和境界追求，但当低俗之风盛行，商业诱惑大行其道时，人内心的阴暗面就会显露，恶劣的行为也就在所难免。对于个人而言，心态决定了身心是否健康，而对于他人来说，心态决定了一个人行为的善恶。最后，是社会价值观使然。价值观是如何看待事物价值的观念，是人们评判事物、辨别是非的思维观点和方向。价值观影响人的认识，进而影响人的行为，这是顺理成章的。一个人价值观的形成，取决于家庭、学校、社会的环境，更重要的是取决于自我认识在一定环境中的历练。俗话说，近朱者赤，近墨者黑，这是同样的道理。出淤泥而不染的人和事，在大千世界也并非少见。

认识与行为，相辅相成，永远共存于人的身心成长、生存发展之中。学习伦理，是在教人怎样做人，学习工程伦理，是在教人如何踏实稳重地做人，其中包含了大量认识与行为方面的知识。

2.1.3 思考与行为

一般而言，人的大脑支配着他所有的行为。凡事三思而后行，尽管我们不主张做事优柔寡断，但同样也不能行动鲁莽、武断。在"思"指导下去行动，去作为，这是绝对的道理。运筹帷幄，决胜千里，讲的也是这个道理。试想，没有"思"的行为是什么行为？不动脑筋就去做事会有什么样的结果？遇事不假思索好吗？人的行为是受大脑支配的。人在成长、处事过程中确定的每一个目标和方向及为此付出的努力，首先来自大脑的思考。这就是所谓"行始于思"。

思考对于行为的重要性是不言而喻的。缺少了思考，行为是什么样的？遇事鲁莽，行事冲动，不计后果，信口开河。如果世间充斥这样的行为，社会就会变得混乱不堪，人与人之间也就谈不上道德约束。生活中，待人接物、为人处世，总是不假思索、随意而为，这样的品性是不利于前程发展的，甚至会给当事人带来成长的危机。思考对于个体来说，意味着理性，意味着成熟，意味着观念的形成，而这些都是成长所必需的。人的兴趣和习惯来源于社会生活环境，也左右着人们的行为。而能够促进身心发展的兴趣和习惯必定离不开思考，唯有思考，才能不断去除内心瑕疵，矫正心理缺陷，激发向上热情，引导行为方向。从而淬炼人的心志，培养健康向上的品质。

爱因斯坦说："学习知识要善于思考，思考再思考。我就是靠这个方法成为科学家的。"

思考是正确行为的先导，也是教育的责任和目标。教育如果不能促进学生的思考，就不能算是成功的教育。一个人思考的习惯，主动思考、善于思考的品性，最主要的应该在学习过程中养成。社会现状，形势需要，未来发展，知识把握，实践能力，专业前途，这些都是思考的内容，也是教育应该帮助学生努力的方向。在当前市场经济环境下，在长期应试教育的影响下，学生能否独立思考、积极思考，已经成为大学教育阶段的严峻问题，不是危言耸听，在浩如烟海、鱼龙混杂的信息世界，校园中思想停滞、被动跟从的现象已经相当严重，浮躁心态、应付心态随处可见，如果任其蔓延，且不说知识能力能否适应社会发展的需求，更可怕的是，左右行为的心志培养恐成空谈，这绝非杞人忧天。

　　在注重思考的同时，还要注重善思，就是善于思考。要善学善思，善作善成。这对工作、学习、生活都具有指导意义。特别是这里面的"善思"，从古至今，所有的实践活动都证明了一个真理——唯有善思，才能成事。

　　古人云："学起于思，思源于疑。"明代学者陈献章说过："前辈学贵有疑，小疑则小进，大疑则大进。疑者，觉悟之机也，一番觉悟，一番长进。"这些都说明了善思对于解决问题的重要性。古往今来，无论是诸葛亮的神机妙算，还是四渡赤水的用兵谋略，抑或是经济建设中的政策方略，所有的成功，所有的发展，都蕴含着智慧，善思是非常重要的。必须善于思考，特别是想要有所创新，就必须更加强调善于主动思考。思考不仅是锻炼大脑的重要手段，更重要的是，行成于思（意指成功之道在于深思熟虑）。

2.2　意愿的行为

　　意愿的行为就是在认识指引下发自内心愿意去做的实践过程。亚里士多德认为，"初因在人自身中的行为，做与不做就在于自己"的行为即意愿的行为。反之，"初因在当事者自身之外且他对之完全无助的行为就是被迫的"。从中可以体会出，意愿的行为取决于自我，与内心的道德意识紧密关联。也就是说，"有意为之"的行为将担负最为显著的道德责任。所谓"不知者不为过"以及"不得已而为之"，其中包含的过错行为也许能够得到谅解。

2.2.1　行为与兴趣
　　一般来说，意愿的行为与人的兴趣是密不可分的。
（1）兴趣
　　兴趣是个体愿意接触某种事物或从事某项活动的心理倾向。在日常生活中，大量的兴趣现象存在于每一个人自身及其周围。"喜欢做什么"是兴趣的通俗表达。可以说，兴趣对人的身心发展极其重要，它是人养成多方面品质的直接驱动力，也是人生成长方向的引导剂和助力剂。兴趣具有两面性，有益的兴趣可以提升学习热情、知识水平和动手能力，可以引导学生在成才的道路上前行并加速，可以有效积累益于人心志成熟的资源。例如，一名学生热衷于某款建模软件的学习和使用，他可以把很多时间花费在这件事情上。当一个个生动形象的模型建立起来后，他的内心就会充满愉悦感和成就感，进而可能强化追求理想的信心。这样的兴趣对于他自身的发展前程是有很大帮助的，他可以凭借软件应用能力去谋求一份不错的工作，甚至成就一番事业。相反，有害的兴趣可能毁掉人的一生。许多人惰于思考，懒于行动，贪图安乐，于是沉迷于游戏、赌博，痴心于名牌、享乐，陶醉于安逸、幻想，将精力消耗在与学业无关的娱乐、消遣上，久而久之，意志就会消磨殆尽，精神就会萎靡不振，学业就会荒废放弃，前途就会迷茫暗淡。

　　兴趣的选择和改变并不是一件容易的事，环境的影响是一个主要因素。比如，我们经常听说某某人出身世家，精通某一领域。其中隐含的意思是，家庭环境、祖辈世代传承的技艺耳濡目染，使其养成了某方面的兴趣，从而在不断练习中得以掌握，并熟能生巧。"对某某事产生了浓厚的兴趣"，往往指正当的兴趣，也是对环境影响兴趣的常用表达。在很大程度上，兴趣并不是主观选择的结果，高考选择专业，很难说都是出于兴趣，随机性和被迫性也占有很大比例。有益的兴趣是需要在特定环境中培养的，在很多情况下，即使不喜欢的事情，经过若干时间的接触也会产生兴趣。有益兴趣的养成常常需要艰苦的付出，需要强迫自己转移心思。所以兴趣与经济条件不无关系，当有了坐享其成的经济条件时，人的惰性就会凸显，付出的心志就会锐减。一些寒门逆袭的例子也说明了这一点。

毫无疑问，教育担负着引导学生兴趣的重要责任。在大学学习阶段，在信息技术高度发达的时代，国家建设、社会发展的大环境需要大批有志者，在治学中涵养心性，培养兴趣，磨炼意志。然而现实并不乐观，发展的形势提出了新的问题，市场的环境设置了重重障碍。如何引导学生克服游戏瘾？如何将学生的兴趣转移至与学业相关的内容？如何通过树立正确的价值观念去引导兴趣？这些问题值得教育工作者深入思考，努力践行。

（2）行为与兴趣的关系

行为既推动着兴趣的形成，也是兴趣目标指向实现的方式。可以说，在人世间大量的个体行为中，意愿的行为总是在为某种兴趣服务。除了意愿外，即使是强迫的行为，有时也是为兴趣所驱使。为了某种兴趣的目标，如某种荣誉，你会强迫自己静下心来，学习实践，做充分的准备。这样的"强迫自己的行为"，经历了一定时间，特别是取得了好的结果，也会转变成"意愿的行为"，实际上也就是兴趣的转移。一个人在日常生活中，在工作学习中，为了实现自己的理想目标而努力，从心理因素考虑也是兴趣驱动行为的表现。如果目标是利他的，是奉献社会的，兴趣就是有益的，行为就是高尚的，由此塑造的人格品质就会赢得人们的崇尚。从中可以理解，人的行为，除非是无意识的或无知的，与兴趣都是密不可分的。认识到这一点，每个人都应该根据自己所处的环境，理性分析自身的禀性特点，确定自我的兴趣方向，沿着适合自我发展的路径前行，争取在兴趣引导下做出更多有益的行为。

身不由己的现象在社会中并不少见。抛开战争和奴役的社会环境，在和平年代，市场经济形成的人与人之间竞争的关系也会造成很多"被迫的行为"。人为了生计，为了宽裕的生活而在社会上打拼，许多行为都是迫不得已的，如在寒风中奔波的快递员，在寂寞中坚守的保安……这些人的行为并非兴趣使然，其中包含的是为了生存的无奈选择和为了社会需要的付出。被迫的行为与兴趣关联度较低，有时甚至是对立的。出于生存的选择和出于兴趣的选择对于一个人身心发展有很大差别，对于行为的效果往往也大相径庭。

从以上分析可以看出，如果一个人特别是学生，能够清晰地认识到兴趣对个人、对社会的作用，认识到行为与兴趣的关系，他就会有意识地培养自己好的兴趣，戒除行为中的恶习，身心就能得到更好的发展。

2.2.2 传统文化中的"行为"

传统文化是一个民族千百年来为社会所认同，为人们所遵循的文化现象，包括道德准则、伦理关系、地域风情、风俗习惯、信仰观念、精神风貌等。中华五千年文明史，传统文化的精髓是华夏民族的奋斗精神。这种精神中包含着为了谋求幸福而进行的理论和实践探索，留存下来许多关于人的行为的精辟阐述。在文明传承的历程中，国学门派百花齐放，思想光辉耀满乾坤。

儒家思想是中国传统文化中影响面最广、影响力最为持久强劲的国学精粹。"孔孟之道"作为封建统治阶级的治国法宝,历朝历代都将其奉若神明。事实上,它对任何一种社会形态的稳定发展都具有积极深远的意义。关于行为,从孔孟之道中也可看出其思想主张和进步的精神实质。儒家思想以仁义、礼数为核心,对人应遵循的行为准则做了大量阐述。儒家伦理经典《中庸》有言:"中也者,天下之大本也;和也者,天下之达道也。致中和,天地位焉,万物育焉。"可见,"中""和"道出了人与社会行为应遵循的根本。《中庸》提出的人伦道德标准是以人的行为为基本出发点的。所谓"庸德之行,庸言之谨;有所不足,不敢不勉,有余,不敢尽;言顾行,行顾言,君子胡不慥慥尔",言行谨慎,言行统一,做人就可笃行敦厚。在人的行为中,如能体现"知""仁""勇"三德,即能修炼本性,成就大业,正所谓"好学近乎知,力行近乎仁,知耻近乎勇。知斯三者,则知所以修身;知所以修身,则知所以治人;知所以治人,则知所以治天下国家矣"。《中庸》的重要思想之一,还在于对"诚"的重视,"唯天下至诚,为能经纶天下之大经,立天下之大本,知天地之化育。"至诚的行为,既是人的良好道德品性的表现,也为社会文明风气所亟需。在治学与做人方面,《中庸》指出:"温故而知新,敦厚以崇礼。是故居上不骄,为下不倍。"在踏实稳重心态引导下去学习、去做人,世间皆当如此。"天地之道,博也,厚也,高也,明也,悠也,久也。"其实,"天地之道"在社会中也就是"中庸之道"。

《道德经》道出了道家思想的精髓。老子心中的"道",即"有物混成,先天地生"之"物",是万物之源,是运行于天际,萦绕在人心间,永不衰竭的"物"。从《道德经》中,人们会感受到,自然运行的规律无时无刻不在左右着世间万物,这种规律就是"道"。道生万物,万物之中皆蕴含道。人生活在一定的社会环境中,应该遵道而行,就是要依自然规律行事。"人法地,地法天,天法道,道法自然","道"统领着世间所有,如果背"道"而驰,将会寸进尺退,无果而终。在现实社会中,任何历史阶段违背自然规律的行为都不在少数,酿成的恶果损害着自然和社会生态,也伤害着人与人、人与自然、人与社会之间的和谐。社会发展的历史充满了战乱纷争,尔虞我诈。人们争财富,争荣耀,争地位,争地盘。无数的"争",搅得人世间片刻不得安宁。想一想,人们的行为若能如老子所言,"天之道,利而不害;圣人之道,为而不争""夫不争,故天下莫能与之争",乾坤何愁不太平?

德从道生,尊道贵德。不遵从自然规律,也就谈不上人的德性。伦理上,道家思想主张纯朴、无私、清静、谦让、淡泊等遵循自然的品性。老子认为:"上德不德,是以有德;下德不失德,是以无德。上德无为而无以为,下德无为而有以为。"这里阐明了什么是真正的"德"以及"德"与"为"的关系。老子"无为而无不为"的理念,实际上体现的也是真正"德"的崇高境界。纵观当今社会,在市场经济环境下,浮躁心态处处漫延,功利市侩充斥生活。若能以道德为本,在行为中谨记"天下难事必作于易,天下大事必作于细"的朴素道理,踏实做人,勤勉做事,社会清新柔暖之风就会劲吹开来。出于《道德经》的许多成语,如上善若水、虚怀若谷、知足常乐、自知之明、福祸相依、以德报怨、慎终如始、功成不居、千里之行始于足下等,千百年来都在启发着人们的心志,规范着人们的行为。

历史潮流，浩浩荡荡，思想波澜，竞相涌动。中华灿烂文明，孕育了众多思想大家，孔孟之道、老庄之说、法家崇法、墨家兼爱、兵家谋略、名家辨察、杂家兼收、农家劝耕……诸子百家，在中华文明的长河中，交相辉映，为民族奋进留下了浓墨重彩的篇章。

2.2.3 行为与实践

行为与实践这两个概念，值得每个人思考，也应该对其含义进行深入的辨析、理解，因为它们对人的身心健康发展具有重要的引导作用。两者的关系如图2-2所示。社会现实生活，人类发展历史，都是由各类庞杂的行为构成的，大千世界多姿多彩，善恶共存，美丑相携，也与形形色色的行为难脱干系。从芸芸众生为生存、美好、文明和幸福而奔波忙碌可以看

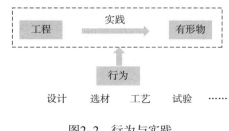

图2-2 行为与实践

出，行为是一切社会形态不可缺少的组成要素。同样，作为能动地改造世界的社会活动，实践也永恒地与人类相伴，无时无刻不与社会的文明进步如影随形。行为与实践的交汇点在于"外在的活动或表现"，两者都具有强烈的主观性，都产生于个体，作用于社会。行为的具体性、个体性、动作性更显著一些，实践则更多地具有抽象性和社会性的特征。以学习为例，如果谈论学习行为，我们总会想到在理解学习内容，掌握学习方法方面需要做的事情，具体会落实到人的身体为学习而产生的行动。另一方面，如果涉及学习实践，往往见诸理论探讨，把学习当作一种实践活动，在这样的活动中充实自我，升华品性。当然，聚焦于"学习活动"，行为和实践也有共同所指的内容。

实践是一个内涵更深、外延更广的概念。生产实践、社会关系实践、科学实践是实践的三大组成部分。实践在人类社会发展中的重要性是由物质和意识的辩证关系决定的。也就是说，当我们认识到"物质决定意识"这一科学真理时，也就意味着通过实践建立并发展物质文明是社会历史车轮前行的首要问题。科学实践是人类认识自然现象，探索自然规律的实践活动，它对人类物质文明程度的提升发挥了至关重要的促进作用。马克思辩证唯物主义和历史唯物主义都是建立在实践基础上的科学理论。毛泽东在《实践论》中深刻地阐述了实践与认识的关系，即"实践、认识、再实践、再认识，这种形式，循环往复以至无穷，而实践和认识之每一循环的内容，都比较地进入了高一级的程度。这就是辩证唯物论的全部认识论，这就是辩证唯物论的'知行统一观'"。现实中，任何一项实践活动都包含着大量的个体或群体行为，通过周密运筹的行为，实践的目标才能顺利实现。从这个角度看，行为又是构成实践的重要因素，或者说，行为是推动实践活动的必要条件。

站在伦理的角度分析，谈及行为，我们会想到，一种行为对他人和社会产生的利害影响。事实确是如此，行为的对与错、善与恶、美与丑，很大程度取决于行为施加者的品性，特别是道德意识。基于这样的认识，行为就有了伦理约束性的属性。在市场经济环境下，人们行为的趋利性特征极为明显，甚至是唯一的。例如，近年来为社会普遍关注的"扶与不扶"现象，是行为选择的争议，究其根本，还是道德意识主导的利益得失的博弈。因此，利用道德准则规范人的行为，或者发挥教育的功能强化人的道德意识从而抑制错误的行为，对于人的成长和社会

的文明，具有很强的现实意义。比较而言，实践的含义更趋于中性。可以说实践的效果，即通过实践预期目标是否实现了。一般而言，不能说实践的对错，比如一个人参加了一项实践活动，无论效果如何，从身心锻炼的意义上讲，这一定是对的。我们常说，实践是检验真理的唯一标准。可见，实践的概念往往表达的是积极的态度和肯定的判断。

对于工程而言，工程行为和工程实践的差异是很明显的。工程行为是指涉及工程项目要做的具体工作，包括设计、施工、验收等。而工程实践是一个名称，可以是一门课程，也可以是一本教材，它表达的是从实践活动中学习工程知识的含义。当然，把工程实践理解为工程项目的实践活动也未尝不可。从工程的定义可以理解，工程既是一种行为，也是一项实践活动，两个词一般不会混淆，这里的辨析是希望人们增强内心的责任意识进而拓展自我发展的途径。

从行为的角度理解实践，树立正确的实践观，对于个体的身心成长，对于社会的幸福安康，都具有十分重要的意义，毕竟世间万象都与行为息息相关，社会福祉都与正确的行为密不可分。

2.3　行为与公平正义

如前所述，行为是有对错、善恶、美丑之分的，而对错、善恶、美丑在任何一种社会形态下都是公平正义的评判标准。人类社会发展的历史长河，汹涌澎湃，一往无前，泛起沉渣，荡涤污浊。可以说，公平正义是人类向往的美好幸福之源泉。为了公平正义去认识和践行正确的行为，这是社会文明进步的需求，也是每个人心中应该拥有的一种信念。在这种信念的支撑下，强化道德自律，磨炼优良品性，规范自我行为，促进公平正义。

2.3.1　幸福之源：公平正义

自古以来，人类社会的繁衍生息，总是以向往和追求幸福生活为基本动力的。"幸福"在每个人心中，从来都没有统一的标准。在现实中获得满足感是一种幸福；在梦境中收获愉悦感也是一种幸福。幸福可能是荣华富贵，也可能是饱腹暖身；可能是物质的丰富，也可能是精神的充实；可能是华丽的厅堂楼阁，也可能是简陋的平房院落；可能是亲朋环绕，也可能是孤身一人……生活环境的不同，禀性的不同，认识的不同，对幸福的理解也就不同。然而，有一个人人都认同的幸福标准，那就是公平正义。事实上，人们向往追求的幸福，都是以公平正义为基础的。换句话说，如果世间的公平正义能够得以真正实现，幸福也就近在眼前了。柏拉图在理念中构建的"理想国"，正义是其基础和根本。无论是国家的正义还是个人的正义，本质上都是各尽其责、协调统一。正义是和谐，正义是最高的善，正义规定了社会的秩序和个体的德性，唯有正义才能带来幸福。西方先哲提出的正义观，直指人的行为，对于今天树立社会主义核心价值观仍有积极的促进作用。

中国传统文化对社会的公平正义也多有阐述。《礼记·礼运》中言："大道之行也，天下为公，选贤与能，讲信修睦。故人不独亲其亲，不独子其子，使老有所终，壮有所用，幼有所长，鳏、寡、孤、独、废疾者皆有所养。男有分，女有归。货恶其弃于地也，不必藏于己；力恶其不出于身也，不必为己。是故谋闭而不兴，盗窃乱贼而不作，故外户而不闭。是谓大同。"从中可以看到一幅国泰民安、幸福美满的理想画卷。在这样的国家里，怎会再有不公平非正义的现象？儒家思想倡导的"仁、义、礼、智、信"实际就是儒家的正义观，其中的"义"是人应该遵循的重要行为准则，也是行为中的正义原则。"君子喻于义，小人喻于利""义，人之正路也""义者，宜也"，孔孟之道中的"义"，就是社会的公平正义，是儒家先贤用思想铺就的幸福和谐之路。

当代中国，秉持社会主义核心价值观，在富强、民主、文明、和谐的民族复兴之路上阔步前行。然而，在一派繁荣景象中，还存在很多发展中的隐忧。市场经济环境下的一些行为，以逐利为目的，产生了许多有违社会公平正义的怪象。沉迷网络游戏，深陷虚假信息，羡慕纸醉金迷。现实中的这些现象，隐含着对公平正义的漠视。唯利是图、夸大其词、浮躁攀比、招摇撞骗，市场中的劣行，严重损害了社会的公平正义。教育、医疗等民生领域，也难抵挡功利的冲击，沉渣泛起，让人忧心忡忡。

2.3.2 行为的选择——伦理困境

生活中有无数的选择，有的很简单，只是一念之间；有的却不那么简单，让人犹豫再三。选择，对每个人来说再平常不过。亚里士多德认为，选择"就是先于别的而选取某一事物""它显然与德性有最紧密的联系，并且比行为更能判断一个人的品性""我们成为具有某种品质的人，是由于对于善的或恶的东西的选择"。这里将选择与人的道德品性相关联，使我们不得不审慎地思考"选择"的问题。在现实生活中，对于个体来说，对于行为来说，到底应该做什么样的选择？有时却不是一件轻松的事情。从大的方面讲，人生面临重要选择的时刻其实并不很多，高考算是一个。大学毕业后的工作选择、考研选择、婚恋选择，往往都会让我们绞尽脑汁，但终究都会确定下来，无论是心满意足还是有些遗憾。社会生活中，人与人之间的关系错综复杂，行为产生的后果也多种多样。许多情形下，人们对行为的选择感到进退维谷、左右为难，这样的情形往往对人的心理产生冲击和压力。因为无论怎样选择，都无法避免伤害和损失的发生，其中蕴含的必定是伦理问题，此时就产生了伦理困惑。之所以困惑，是因为无法找到两全的办法从而解决问题。下面列举几个例子来说明行为选择中的伦理困惑现象。

（1）施救问题

在灾难现场，最紧迫的事情就是救援。如果为救一个人而将许多人置于危险当中，应该如何选择？特别是救这个人带来伤害他人的后果不是很明朗时，选择就更加艰难。

（2）"扶与不扶"的问题

遇到他人出现困难时是否实施帮助，从道德意义上讲这本不该成为问题。然而当现实中屡屡出现"帮助者被讹"的案例，于是"扶与不扶"一类现象就成为需要认真思考的伦理困惑问题。

（3）能力是否足够问题

前不久，一则"安徽辅警未及时救出落水女孩即被谴责"的消息引发广泛关注。见义勇为是公民的道德义务并无不当，社会倡导的价值观本应鼓励公民多施善举。然而，如果没有经验和能力，没有必要的工具设施，一定要求奋不顾身去救人吗？

（4）生命尊严问题

生活中存在一些智障者，从生命尊严和爱心奉献的角度，社会应该树立扶助关爱的风气，让爱洒满人间。然而，从伦理的角度考虑，当一个孕妇得知胎儿存在缺陷，是坚持生下来还是选择终止妊娠，无疑不论怎样选择都无法消解心中巨大的痛苦。

（5）生命技术问题

近年来，随着生物工程技术的快速发展，生命的奥秘逐步被揭开，人工干预生命的诞生成长成为可能，随之而来的伦理问题愈发触动人心。

（6）媒体曝光程度问题

媒体报道真相天经地义。社会生活的方方面面，新闻记者的身影都不可缺少，特别是一些重大事件，原因探源、事件进展、数据结果、政府声音等，都需要记者身先士卒，向社会公布。然而，涉及人的身心伤害的事件，是刻意追求报道的直观深入甚至造成噱头以吸引人的眼球，还是从关爱的角度保护受害者的隐私，避免伤害扩大？

（7）"可能性"入罪问题

法律制定的依据是惩恶扬善，对"恶"的惩罚，原则是既成事实，也就是根据已经实施的犯罪行为定罪量刑。"疑罪从无"是法律进步的显著标志，这就意味着，如无证据，不能判罪。然而，在大数据时代，人们的很多行为被记录分析，当行为趋于伤害他人的概率足够高时，此人就有可能因"可能性高"而被惩罚。当智能时代类似的事情多了，人们的行为选择也就多了一份困惑。

（8）自动驾驶问题

自动驾驶是交通领域智能制造发展的一个方向。这项技术如果普及了，其中的伦理问题就会凸显出来。试想，如果车主坐在自己的汽车里，当出现紧急情况时，他是选择保全自己还是避免他人伤害？

伦理困惑问题很多是出于假设。探讨这类问题的初衷其实并非一定要给出答案或找到解决办法。重要的是促使人们进行深入的伦理思考，加强人们的道德自律意识，从而使无论是工程技术方面的还是社会人文方面的事物和行为向着更加人性化的方向发展。

2.4 行为中的伦理立场

立场是一个人对待事物所持的观点和态度。立场不同，行为差异就会很大，甚至截然相反。一般而言，一个人身处什么样的社会阶层，具有什么样的信仰，也就相应会有什么样的立场。从社会形态来看，根据不同的思想意识，可以论及政治立场、阶级立场、文化立场、民族立场等。在一定的社会环境中，特别是在商品经济社会中，立场往往按利益集团来划分。一个人无论站在何种立场，都是由其内心的思想认识、道德品性和价值观念决定的。其中包含的伦理意境非常深刻。因此可以说，人的伦理立场是决定其所处阵营及行为导向的根本因素。历史上，一些学者在研究实践中，形成了几种不同流派的伦理立场观念。

2.4.1 功利论

谈到功利，人们的第一反应可能是社会存在的功利思潮。作为市场经济环境下存在于社会各个角落的思想趋势，功利思潮以利益至上为行为准则，在意识形态上和社会生活中强有力地冲击着传统道德规范指导下的个体和群体行为。这里介绍的功利论，也称功利主义，与功利思潮的含义大相径庭，它是强调行为导致幸福快乐结果的伦理立场的一个思想理论。

西方功利论思想体系形成于19世纪初，由英国哲学家杰里米·边沁提出。其基本原则是：一种行为如有助于增进幸福，则为正确的；若导致产生和幸福相反的东西，则为错误的。幸福不仅涉及行为的当事人，也涉及受该行为影响的每一个人。这就是说，在西方功利论思想中，行为的善恶并不取决于行为本身的初衷和过程，而只取决于行为产生的后果，取决于行为产生善或幸福的程度（图2-3）。功利主义不考虑一个人行为的动机与手段，仅考虑一个行为的结果对最大快乐值的影响。能增加最大快乐值的即是善，反之即为恶。杰里米·边沁认为，人类的行

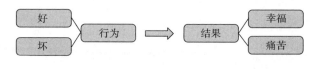

图2-3 功利论

为完全以快乐和痛苦为动机，人们一切行为的准则取决于增进幸福或减少幸福的倾向。

功利论追求好的结果的初衷是善意的，也具有积极意义。但其思想的局限性也非常明显，凡事不论动机，不管过程，只要结果好就行。且不说人的动机和行为的过程是结果的决定因素这一逻辑关系，单说盲目做事、不计后果做事、靠"歪打正着"行事这几方面产生好坏结果的概率就可以看出这一理论存在的问题。西方功利论为"善意的谎言"找到了恰当的理论依据，却难以阻止以美丽借口而实施的罪恶。对幸福的理解如果仅仅停留在个人心境的舒畅满足、生活的称心如意，功利主义就容易沦为打着追求幸福的幌子实施有违伦常行为的帮手，偷盗抢劫、杀人越货、毁灭文明……无不如此。

中国传统文化中具有功利论色彩的思想由来已久。墨家思想主张重视"事""实""利"的实际效果，倡导"兼相爱，交相利"。墨子认为"仁之事者，必务求兴天下之利，除天下之害""利人乎即为，不利人乎即止""夫爱人者，人必从而爱之；利人者，人必从而利之"。从中可以看出，获取"利"是行为的目标和效果，是最终的实际所得。"利"与"义""爱"不是对立的，而是相互交融统一的。而且在谋求"利"的过程中，并不排除利己，认为利己与利他能够有机协调，高度统一，达到"交相利"的效果和境界。"兼爱"是墨家思想的核心，也是其自古以来形成广泛影响的社会伦理基础。与西方专注自由人性的功利论相比较，墨家"利他""天理"的道德功利观在境界方面更胜一筹。

功利论在一定程度上促进经济快速发展的效果也是显而易见的。中国在改革开放初期，国家积贫积弱，人民的生活水平亟待提高，经济发展亟需摆脱困境，找到一条适合国情的发展路径。在没有经验和借鉴的情况下，"摸着石头过河""黑猫白猫论"就成为人们解放思想、大胆探索的有效依据。在单一需求的功利思想引导下，以GDP增长为目标，经过近30年的努力，中国经济总量跃居世界前列，人民生活水平大幅提高，社会呈现一派繁荣的景象。

如果单论衣食住行，人们的幸福感确实有了大幅提升。然而，片面追求经济增长的代价也是沉重的。环境污染，资源枯竭，假货横行，欺骗成风。不计后果的行为又将人们带入深深的隐忧之中。痛定思痛，在加快产业转型升级的改革中，中国经济在曲折中逐步走上高质量发展之路，国富民强的愿景正在一步步成为现实。中国特色社会主义建设的实践，对于西方功利论的毁誉参半也是一个有力的证明。

在工程活动中，功利论的表达是，工程师在履行职业义务时应当把公众的安全、健康和福祉放在首位。这是工程伦理准则中的核心。工程的本质是造物，通过物的实现给人们带来幸福愉悦，古往今来，工程建设的要求应在于此。但对功利结果的看重，却给工程带来了隐患。打着工程福祉的幌子，做着见利忘义的勾当，尽管功利论的本意并非如此，甚至相反，却难以阻止那些居心叵测之人的恶劣行径，历史上和现实中因利欲熏心而实施工程造成伤害和灾难后果的事例并不少见。

2.4.2 义务论

对义务的直观理解是"本应该"。大千世界，花开花落，潮起潮落，无数依自然规律而运行的"本应该"构成了世间的"万类霜天竞自由"。生物体汲取养分勃发生机，生物链串起自然界的万千景致，其中蕴含的丰富多彩的"本应该"实际就是动植物间相互依存为了生存所应尽的"义务"，就像母体和子体之间的哺育和反哺的"义务"。如果打破了这种"本应该"的"义务"，从积极的意义上讲，意味着人类的创造。而从消极方面看，则有可能是生态灾难。地球孕育万物繁衍生息的亿万年，充分证明了这方面的道理。人类社会的发展历程相较自然界的物种进化要复杂得多。因为人的社会属性，也就是由人的意识和认识能力引起的人与人之间的关系，使得社会的面貌、规律、现象更加纷繁复杂。其中由道德关系引发的福祸事件不计其数。于是，人们在反思和探索，出于良知每个人在社会生活中本就应该承担什么样的责任？也就是义务的问题。义务源于关系，特别是生物体之间的恩泽关系。如果没有关系，也就谈不上义务了。人世间的"孝道"实际就是源于自然关系的一种义务。

由此可见，义务就是各种社会关系中人应该承担的责任。也就是说，社会中凡是应尽的责任均为义务。从生活环境方面看，义务可分为社会义务和家庭义务；从人的行为表现来看，义务可分为法律义务和道德义务。无论哪种义务，其中道德义务是根本的，是影响其他各种应尽义务的出发点。因为道德自律意识左右着人的行为与他人及社会的关系。

如何看待"义务"？或者说对"义务"持有怎样的观点？这就上升到了哲学的高度。从伦理立场的角度看，义务论强调遵守道德律令是由人的自身本性和意志力决定的。德国哲学家康德是义务论的代表人物。康德认为真正的道德行为是纯粹基于义务而产生的行为，为实现某一个人的功利目的所做事情就不能被认为是道德的行为。因此，一个行为是否符合道德规范并不取决于行为的后果，而是取决于采取该行为的动机。康德的义务论可以说是与西方功利论针锋相对的。事实上，康德的"三大批判"探讨的"人应该认识什么""人应该做什么""人应该希望什么"三个问题也就奠定了康德从人的本性出发追求道德至上的思想理论基础。康德说："我心中的道德法则肇始于我的不可见的自我，我的人格……通过我的人格无限地提升我作为理性存在者的价值。"从中可以感受到，对于向善的选择，不仅是人的精神上的内在需求，更是对自己的一种道德责任，对自我尊重的态度，这是一个人之所以为人的根本生存法则和依据。康德的义务论究其根本是在倡导，人的行为必须把出发点放在履行反映内心向善倾向的道德律令上。康德认为："人，一般说来，每个有理性的东西，都自在地作为目的而实存着。他不单纯是这个或那个意志所随意使用的工具。在他的一切行为中，不论对于自己还是对其他有理性的东西，任何时候都必须被当作目的。"其中涵盖的思想简要来说就是：人是目的不是手段。具体可阐述为"你的行动，要把你自己人身中的人性，和其他人身中的人性，在任何时候都同样看作是目的，永远不能只看作是手段"。从康德的义务论中可以领会出，人世间的善良与丑恶、高尚与卑劣要看行为人的道德责任意识是否根植于心。如果每个人都能树立义务论的道德标准，幸福快乐的生活追求也就水到渠成了。

工程的目标是造福于人类，从义务论的观点看，这首先是由决策者实施工程的动机决定的。就像和平年代我们看到的工厂、学校、医院、交通设施等，这些工程的建造宗旨都是造福一方。历史上改造自然的工程项目，如都江堰、大运河，情况也都如此。相反，如果动机不纯，目的恶劣，也就是人心没有了道义，就会滋生邪恶，利用工程去破坏幸福家园，摧毁社会文明。战争揭露的人性善恶也使工程成为正反双向的深刻例证。

2.4.3 德性论

德性，即人的道德品性。德性与道德实为同义词，说一个人有德性，就是说这个人具有善的内在品质。一般而言，德性的含义包括正反两方面：诚实、善良、宽容、慷慨等是德性的正面表达，即好人应具备的品质，称为美德；自私、贪婪、虚伪、卑劣等是德性的反面表达，即坏人内心具有的特征，称为邪恶。德性养成是人身心成长的基础，也是社会文明的根本。人的德性一方面源自天性，即与生俱来的脾气禀性。从科学上讲，这是一种生物遗传的品质特征，一个人"生性"如何，往往影响其内在品质的发展。单纯的性急和性缓并非德性的构成要素，但一个人天生的心胸宽阔或是狭隘对其德性的作用就十分显著。日常生活中涉及人与人之间关系的"偏激现象"多是因心胸狭隘造成的失德所为。传统文化中的"性善""性恶"观念实际就是对人的德性源自天性的不同认识。其中既包含唯物主义生命进化的科学道理，也包含了唯心主义天神论的思想意识。另一方面，人的德性更重要地源自后天的养成。这里主要是指环境的影响，所谓"近朱者赤，近墨者黑""耳濡目染""染丝之变""潜移默化"说的都是这方面的道理。家庭环境、学校环境、社会环境对于个体的德性培养是毋庸置疑的。一个"性情顽劣"的人，也就是德性欠缺的人，固然有天生性格的原因，但后天环境的影响应该是主要因素。

"德性论"又称"德性伦理学"，是针对个人内心道德优劣进行辨析的哲学学说，是把关于人的品格判断作为最基本的道德伦理判断的理论。其与功利论、义务论最大的不同之处在于，德性论不是依照单一标准去判断该行为是否合乎道德，而是从整体进行判断，这个整体涵盖了评判人的品格各方面的心理特征，特别是影响行为的优劣倾向。古希腊哲学家柏拉图和亚里士多德，中国的孔子、老子都被视为德性伦理学的代表人物。亚里士多德把人的德性划分为"理智德性"和"道德德性"两类，智慧、理解和明智属于理智德性，慷慨与节制是道德德性。他认为："理智德性主要通过教导而发生和发展，道德德性则是通过习惯养成。"其中的"理智德性"可以理解为人的知识水平和能力，它对人的身心发展也有良好的促进作用。这里我们主要探讨的是"道德德性"，它是表现于习惯行为中的人的品质特征。人在不同的环境中会养成不同的行为习惯，有的是举手投足的下意识的习惯，有的则是形成强烈兴趣后表现出来的行为习惯。无论什么样的习惯，往往都能体现出人的内心德性如何。所谓一个人是否"有品位"，是否"有教养"，在其行为习惯中常常会显露出来。比如在公共场所的一些不顾公共道德的行为，可以说很大程度上都是行为人在不好的环境中养成的不良习惯。亚里士多德认为"德性由何原因和手段而养成，也由何原因和手段而毁丧""一个人的实现活动怎样，他的品质就怎样。所以，我们应当重视实现活动的性质，因为我们是怎样的就取决于我们的实现活动的性质"。我们从中能够汲取的成长养分就是要重视自己的习惯养成，个人的前程或许就蕴含其中。

中国传统文化中关于德性的论述可以信手拈来。《论语·学而》："其为人也孝弟，而好犯上者，鲜矣；不好犯上而好作乱者，未之有也。君子务本，本立而道生。孝弟也者，其为仁之本与！"《孟子》："人之所以异于禽兽者几希，庶民去之，君子存之。舜明于庶物，察于人伦，由仁义行，非行仁义也。"从儒家国学经典中可以找到的"仁"可谓比比皆是。仁就是善，就是每个人心中应具备的德性的根本。儒家的"礼数""恕道""孝悌""忠信"等，无不谆谆教诲人们如何在内心深处生发"仁"的德性品质，为成就为人之本奠定根基。《中庸》中论述的"君子尊德性而道问学"更是直接阐明了"德性"对于追求学问的重要性。在道家思想中，万物循道尊道就是大德，德是道所生，道为德所用，天地轮回，皆应如此。老子认为"生之畜之，生而不有，为而不恃，长而不宰，是谓玄德""道之尊，德之贵，夫莫之命而常自然"。从中可以感受到，在老子心目中，"道"和"德"的分量有多么重，关系有多么紧密。

在工程实践中，德性的问题普遍而深刻地存在着。任何工程项目都离不开经济利益的获取。这是正常的商业利润还是无度的利益攫取？其中包含着心中良知的一杆秤。当人的内心充斥着私利，总想着获取更多的一己之利，工程的雏形尚未搭成，心中的德性大厦已经岌岌可危。于是，置工程安全和福祉的目标于不顾，想方设法降低成本，压缩开支，无形之中增加了事故隐患，提高了工程风险，这就是工程中的不良德性在作祟。现实中的假冒伪劣产品、豆腐渣工程频频曝光等，就是德性论的反面实例。探讨德性的问题在市场经济环境下的社会生活中极具现实意义。每个人优良品质的养成不是一朝一夕的事，在利益至上的环境中尤其艰难。工程教育担负着培养工程人才的重任，工程人才的内涵中人格品质应该得到足够重视。为此，在当今教育界开展的各种"一流"建设，应该意识到德性培养的重要性。

2.4.4　契约论

纵观人类社会的文明进步历程，追求公平正义贯穿了社会的全部发展历史，公平正义的思想和行为有力地促进了世界的和平、安宁和福祉。从表现形式来看，伴随人间的风云激荡，各种规范、法律、条例、制度在相互制衡中形成并逐步完善，成为社会稳定的基础。这些代表了统治者和思想家意愿的文档，实际上可以用一种约定来概括，这种"约定"即所谓"社会契约"。最早提出社会契约思想的是古希腊哲学家伊壁鸠鲁，他认为，人们为了避免彼此伤害和受害，自然而然地、合乎情理地会找到互相约定这个方式。后来，洛克、霍布斯、卢梭等人将社会契约发展成关于社会、国家、政体的完整的一套理论，即社会契约论。将社会契约思想延伸至道德领域，提出正义论的是美国哲学家约翰·罗尔斯，他的正义论学说，是以洛克、卢梭和康德的社会契约论为基础，论证西方民主社会的道德价值，认为正义是社会制度应该倡导的主要美德。非正义的法律和制度，不论如何有效，也必须加以改造和清除。罗尔斯提出了两个正义原则：①每个人都有权拥有与他人的自由并存的同样的自由，包括公民的各种政治权利、财产权利。②对社会和经济的不平等应作如下安排，即人们能合理地指望这种不平等对每个人有利。20世纪70年代初，罗尔斯的正义论学说在美国和其他西方国家引起了强烈反响，为自由主义的政治、法律思想营造了复兴希望的氛围。

工程活动中需要遵守的协议、规程、标准、守则有许多，包括技术标准、设计规范、施工守则、法规制度等。其中的一些规范对工程技术人员提出了道德要求，如美国全国职业工程师协会（NSPE）章程、美国电子与电气工程师协会（IEEE）伦理章程等。所有技术和非技术的文件都共同指向一个目标，即工程要把公众的安全、健康和福祉放在首位。这些文件都可以看作是一种约定，在工程实践中，遵守约定，恪尽职守，让工程质量得到保证，让工程功能得以顺利实现，这已经成为全世界工程参与者的共识。

2.5　批判性思维

思维是大脑对事物从潜意识、下意识上升到理性、逻辑性层面的认识的过程。思维以感知为基础又超越感知的界限，它探索与发现事物的内部本质联系和规律性，是认识过程的高级阶段。思维对事物的间接反映，是指它通过其他媒介作用认识事物及其客观规律，借助于已有的知识和经验与已知的条件来推测未知的事物。思维是人类生存发展、每一个人生活工作学习的基础，是人区别于动物的本质所在。思维是多维度的、有方向性的，它是人脑对客观事物间接的、概括的反映，是指向理性的认识活动。知识为思维提供材料，思维对知识进行加工处理。知识越丰富，可思维的东西就越多，思维能力就越强；而思维能力的不断增强，又有利于学习掌握更多更深的知识。思维有多种形式，在人们认识世界、改造世界的进程中，不同的思维形式发挥着重要的作用，其中批判性思维在人的心志成长成熟过程中的作用举足轻重。

2.5.1　批判性思维的概念

批判性思维（Critical Thinking）就是通过一定的标准评价思维，进而改善思维，是合理的、反思性的思维，既是思维技能，也是思维倾向。最初的起源可以追溯到苏格拉底。在现代社会，批判性思维能力的培养被普遍确立为教育特别是高等教育的目标之一。

思维方式、思维水平对于每一名学生的成长成才都至关重要。有什么样的思维，就有什么样的人生。批判性思维是一种立足于评判、置疑的反思性思维方式，它并不是一味地否定，而是善于透过现象看本质，通过产生疑问，深入思考，进而锻炼思维能力的高阶思维模式。批判性思维是一个主动的思维过程，也是一个辩证的思维过程。在这个思维过程中，在质疑、分析、提出自我见解的循序渐进中，人大脑思维的逻辑性、创新性会得到显著改善，人的认识能力和自觉践行伦理义务的意识也会得到有效提升。批判性思维的思想及运用最早见于古希腊哲学家苏格拉底的言论阐述。他所说的"未经审视的人生不值得过"实际就包含了深刻的批判性思维。在柏拉图的《理想国》等对话集中，苏格拉底以大量的反诘式问话，阐明了对正义、教育、道德、幸福、政治等的观点，在今天仍有积极意义。现代批判性思维的代表人物杜威提出的"反省式思维"，是对任何被假定的知识形式进行能动、持续、细致的思考。反省，意味着寻求新证据、新事实，意味着对所做过的事进行深入反思，寻找新问题或问题新的着眼点和研究路径。杜威说："思维不像自然燃烧，也不凭自然原理而可以凭空发生，它必然要有引起它的情境。"这里的"情境"也就意味着对于某种事物产生的疑问。反省性思维过程包括问题的定义、假设的提出、观察、分析、实验、检验等具体内容。

中国传统文化中也含有批判性思维的主张。《中庸》中言："博学之，审问之，慎思之，明辨之，笃行之。有弗学，学之弗能，弗措也；有弗问，问之弗知，弗措也；有弗思，思之弗得，弗措也；有弗辨，辨之弗明，弗措也；有弗行，行之弗笃，弗措也。"其中的"博学、审问、慎思、明辨、笃行"概括了治学全过程的内容。从思维的角度看，这个过程蕴含的思维方式可称为"审辨式思维"，其中必然包含着批判性思维。因为如果不去质疑，也就谈不上"审问""慎思""明辨"了。

2.5.2　培养批判性思维的目的

思维与行为关系密切，大多数情况下，行为是受思维支配的。批判性思维的主动特征，对于人才培养中促进学生的创新能力，引导学生的正确行为，激发学生的实践热情都具有十分重要的积极意义。

现实中，伴随人们生活水平的提高，伴随信息社会海量信息的唾手可得，人们越来越不愿意多动脑筋思考问题，被动接受成为校园以及街头巷尾的普遍现象。在消极的生活娱乐中，浮躁、攀比、炫耀之风盛行，渴望享受，渴望富贵，渴望一夜之间能够高高在上，若这样的风气蔓延在学子身边，怎不令人忧心忡忡？纵观当今大学校园，主动思考的缺失，是高等教育面临的一个突出问题。用批判性思维去促进学生的主动思考能力，这是高等教育应该深入探讨的内涵问题（图2-4）。

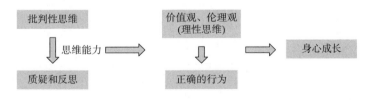

图2-4　批判性思维的过程和作用

哈佛大学前校长德里克·博克在《回归大学之道》一书中，专门论述了大学的基本目标之一是提高学生的清晰思维和批判性思维能力，认为批判性思维能力是本科教育最重要的目标。在"学会思考"一节中，博克强调了思考对于学生身心成长的重要性，并就在课堂教学中教师应该如何做才能更好地培养学生的批判性思维能力进行了详尽分析。其中论及的教学方法问题，也是在我们的教学实践中老生常谈却没有真正解决的问题——填鸭式教学还是讨论式教学，值得教育工作者围绕培养批判性思维认真思考并加以践行。培养批判性思维能力的重要性和迫切性，应该说在高等教育领域得到了广泛的认同，但真正实践起来并非易事。就目前而言，效果也并不理想。特别是在教育规模如此庞大的现状下，一方面要让学生认识到批判性思维的重要性，另一方面需要教师在教学实践中付出极大的努力。

分析思考题

1. 什么是行为？如何理解行为与公平正义？

2. 如何理解"意愿的行为"？人的兴趣既可以帮助人成长成才，使人成就一番事业，也可以消磨人的意志，使人浑浑噩噩，贻误终生。结合兴趣与行为展开思考，搜集一些例子，想一想如何在日常生活和学习的各种行为中得到启发，选择正确的行为，为自身的品性锻炼寻求有益的途径。

3. 什么是批判性思维？它对人学习成长有何重要意义？

4. 下面是媒体报道的一段文字：

中国高铁从无到有，从追赶到超越，从引进消化吸收再创新到系统集成创新，再到完全自主创新，已经成为世界铁路科技的集大成者。从东部到西部，从"四纵四横"到"八纵八横"，从国内走向海外，中国高铁的大发展开启了人类交通史的新纪元。目前，中国高铁运营里程超过2.2万公里，是世界上高铁建设运营规模最大的国家，比日本、德国、法国、西班牙和意大利等拥有高铁的国家和地区的总和还多，其运营速度和整体配套处于世界前列。值得关注的是，中国还拥有全球最为庞大和完整的产业供应链，配套产业涵盖设计研发、试验、生产和运营维护各个环节，所生产的高铁动车组和基建能在沙漠、草地、高原、沼泽、沿海等复杂地质环境和高寒或炎热气候中穿行无阻，强大的科研实力能满足"一带一路"沿线各国和非洲、美洲等地复杂的地理条件需求。中国高铁因其高强度、大密度的运营维护需要，积累了举世无双的经验库存和原始数据，对开展世界铁路科研、建设和运营都具有较大的利用价值。

从这段文字中体会思维与行为的关系，思考论述一下创新思维、批判性思维、意愿行为的重要意义以及对社会文明进步的促进作用。

第三章　工程中的风险、安全与责任

知识要点

- 了解风险及工程风险的基本概念
- 认识工程风险的来源及其可接受性
- 把握工程风险的伦理评估原则
- 思考如何看待工程风险的伦理责任

【引导案例】江西丰城发电厂冷却塔施工平台坍塌事故

2016年11月24日，江西丰城发电厂三期扩建工程冷却塔施工平台发生坍塌，这是一起特别重大的安全生产责任事故，造成73人死亡、2人受伤，直接经济损失10197.2万元。建设单位江西赣能股份有限公司丰城三期发电厂违规大幅度压缩合同工期，提出策划并与工程总承包单位中南电力设计院有限公司、监理单位上海斯耐迪工程咨询有限公司、施工单位河北亿能烟塔工程有限公司共同启动"大干100天"活动，导致工期明显缩短。在实际施工过程中，劳务作业队伍自行决定拆模。事故发生时，施工人员在混凝土强度不足的情况下违规拆除模板，造成筒壁混凝土和模板体系连续倾塌坠落，坠落物冲击与筒壁内侧连接的平桥附着拉索，导致平桥也整体倒塌，造成重大人员伤亡和财产损失（图3-1）。

图3-1　丰城电厂事故

2020年4月，事故多方面的责任人受到审判并被判刑。

从该案例获刑人员所涉及的工作岗位和职责范围可以看出，工程风险存在于工程项目的每一个环节。包括技术、材料、施工、管理等，工程的开展过程会始终与风险同在，只是风险的大小不同而已。当利欲熏心时，责任意识就会淡薄，道德自律就会滑坡，工程项目的风险就会成倍增加。强化风险意识，既是工程质量和人身安全得到保障的需要，也是工程技术和管理人员自身道德修养的体现。

3.1 工程中的风险控制

工程是一个系统，这个系统包括许多要素，如人员、资金、物料、设备、制度、标准等，每个要素都对工程总体目标的实现发挥作用。工程系统的要素构成如图3-2所示。如果工程的结果未能达到预期目标甚至造成了损失，必定是某个或某些要素出现了问题。从中可以看出，工程风险总是存在的，由工程风险带来的金融风险、伤害风险、财产风险、生态风险等也会时时伴随在工程活动的过程中。在各种风险背后，深深隐含着道德伦理，因为风险与责任总是形影相随，而责任本身就意味着道德伦理意识的强弱。因此，了解工程风险的相关知识，对人们特别是工程技术人员加强品质修养是有很大帮助的。

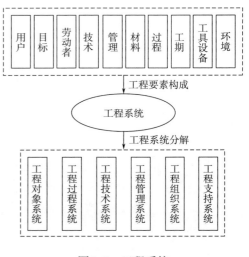

图3-2 工程系统

3.1.1 关于风险

天有不测风云，人有旦夕祸福。人们在日常生活中对于风险已经司空见惯。在涉及自身安全的事项中，人们总是在想方设法地规避、降低风险，毕竟风险会造成损失或伤害，严重时还会让每个人都心惊胆战。什么是风险？风险是事物运行过程中出现不良后果的可能性，可能性的大小也就意味着风险的高低。在工农业生产和社会生活中，风险是普遍存在的。除自然灾害风险外，其他的风险均以人为因素为主。即便是自然灾害风险，在现有条件下是否预防到位了，其中也或多或少含有人为因素。由于社会发展的不均衡，人们生活环境和条件不同，风俗习惯不同，因而造成人们的思想意识和道德水准存在差异，这是人为风险形成的主要原因。一般而言，风险和利益是共存的，而且是成正比的，风险越大，利益也就越大。很多行业皆是如此，比如股票、期货、经商、项目投资、农作物种植等。

人们对待风险的态度往往有很大的差别，这与每个人的性情品质和认识能力密切相关。有的人天生懦弱，胆小怕事；有的人禀性强悍，胆大妄为；有的人风风火火，做事鲁莽；有的人心思缜密，有条不紊；有的人胸无点墨，逢事避重就轻；有的人学识渊博，遇事沉着冷静。面对风险的不同选择，很大程度上会决定一个人一生的命运。改革开放初期，一些人放弃安稳的国营企业岗位，冒险下海经商，闯出了一片新天地。我们常常赞颂勇气，鼓励有志者勇于进取担当，开创锦绣未来。事实上，勇气是相对风险而言的，往往带有褒义的赞颂。有勇气意味着敢于承担风险，为实现某一社会正义的目标而奋不顾身，同时也成就了个人的理想，像我们为之赞叹的革命英雄、正义勇士。

风险中蕴含着伦理。正义之士，心胸宽广，以利国利民为己任，甘洒热血写春秋；龌龊之人，卑劣狭隘，让贪婪欲望任意发泄，因一己私利酿成大祸。可以说，伦理思想是社会风险的根本来源。伦理思想的不同，会造成迥异的风险结果，对于工程风险尤其如此。梳理工程事故的发生脉络，总可以找到为了私欲忘记道义链而走险的事故渊源。发生于2020年8月29日的山西襄汾饭店坍塌事故造成29人遇难的人间悲剧，本是寿宴喜庆的现场，怎会有人想到这里存在巨大风险？店主为扩大经营规模获取更多利润，一次次私自扩建厅房，却没有丝毫安全风险意识，可以说是利欲熏心，心中的道德意识荡然无存，最终酿成惨剧。人间百态，世事无常。高尚的人，为了社会的清风徐来而恪尽职守，面对危险，慷慨前行。而"人为财死，鸟为食亡""无毒不丈夫""人不为己天诛地灭"的心态包含着扭曲的人性，致使良知泯灭，道德沦丧，让人世间的风险陡然剧增。在伦理框架内所涉及的事物是正义的，会为社会、为他人带来幸福祥和，其中的风险是值得承担的，尽管如此，也需要按科学规律运作，尽量降低风险。

3.1.2　工程风险的来源

风险的来源也就是导致风险的各种因素。影响工程的因素有很多，因而形成工程风险的因素也就多种多样。归纳来看，这些因素分为两大类，一类是主观因素，包括技术因素、管理因素、环境因素；另一类是客观因素，包括技术因素、环境因素。

（1）技术因素

工程的实施，技术是不可缺少的。技术水平的高与低，技术手段的先进程度，对于工程效率、质量的影响十分关键。在工程设计中，有一种专门针对降低产品故障风险的设计方法——可靠性设计，它是以数学概率论为理论基础，通过对零部件的可靠性、无故障率、失效率进行预测分析控制，从而保证产品质量，降低设备故障风险。导致风险的技术因素有许多，如存在设计缺陷、违反操作规程、不做定期维护、忽略保养措施等。在机器使用过程中，零部件的机械磨损是一种常见的故障隐患，如果不定期润滑保养，机器故障发生概率就会大大增加；电器元件长期使用会产生老化现象，如果不及时更换，就会增加发生短路起火、设备失控造成伤害事故发生的概率；长期风吹日晒或在化学环境中使用的产品会发生锈蚀现象，如果没有维护措施，发生事故的风险就会逐年增加。还有很多例子可以说明技术因素对于工程风险的触发作用。

由于技术因素造成灾难的案例也时有发生。2018年10月、2019年3月，波音737MAX客机先后发生两起俯冲坠机事故，导致346人遇难。事后调查结果显示，波音737MAX的迎角传感器存在缺陷，导致机头被迫俯冲直至坠毁。由这两起空难带来的连锁反应，使波音公司和美联邦航空管理局面临前所未有的信任危机。发生于2011年7月23日温州市境内的甬温线动车追尾特别重大事故造成40人遇难，172人受伤，经济损失近2亿元人民币。列控中心设备存在严重设计缺陷和重大安全隐患，防护信号错误地显示绿灯，向D301次列车发送无车占用码，导致D301次列车驶向D3115次列车并发生追尾。

1986年4月26日，乌克兰苏维埃共和国普里皮亚季市的切尔诺贝利核电站发生事故，该电站第4发电机组的核反应堆全部炸毁，大量放射性物质泄漏，成为核电时代以来最大的事故。辐射危害严重，导致31人当场死亡，200多人受到严重的放射性辐射，之后15年内有6万～8万人死亡，13.4万人遭受不同程度的辐射疾病折磨，方圆30公里以内的11.5万民众被迫疏散。切尔诺贝利核电站事故的主要原因是技术方面存在的问题，一是核反应堆设计存在缺陷；二是核电站运行过程中工程技术人员违反了操作规程。从这次惨烈的事故及后续的次生灾害可以看出，工程技术在设计和使用过程中，对工程风险的认识和防范有多么重要。

（2）管理因素

管理在任何实践活动中发挥的作用都举足轻重，如果缺乏有效的管理手段，工程项目是难以顺利实施的，实施过程也会隐患重重，风险多多。管理的目的是有序，唯有有序才能真正实现目标。所以任何让过程规范有序的措施、行为、方法都是管理的内容。现代信息管理系统为实现高效便捷的管理创造了良好条件，无人化工厂管理、远程监控管理、智慧城市管理、现代农业种植管理、智能交通物流管理……先进技术的使用提升了管理的效能，也使社会各领域安全风险大大降低。现代管理方法固然重要，但管理者心中的责任也是不可缺少的。很大程度上责任较之方法更为关键，因为无论采用多么先进的管理方法，管理者如果心不在焉、麻痹大意甚至私欲膨胀、居心叵测，事故风险就会成倍增长。

2008年9月8日，山西省襄汾县一尾矿库发生特别重大溃坝事故。事故波及下游约500米的矿区办公楼、集贸市场和部分民宅，造成277人死亡、4人失踪、33人受伤，直接经济损失近亿元。这是一起违法违规生产导致的特别重大责任事故。企业违法违规生产和建库，隐患排查治理走过场，安全整改指令不落实，当地政府及有关部门监督管理不力。本是一个充满希望的清晨，领取工资，逛逛集市，生活在这里的人们这一天应该别有一番惬意，怎么也想不到这灭顶之灾的风险瞬间成为真实的人间惨剧。从这个案例可以看出，贪婪如洪水猛兽，会吞噬万家灯火的幸福安详；责任应重如泰山，可造福一方水土的芸芸众生。事实上，但凡大大小小的工程事故，管理因素都会或多或少、直接或间接地蕴含其中。

（3）环境因素

环境因素包括主观环境因素和客观环境因素。

涉及主观环境风险因素包括三个方面。首先，生产经营者为节省成本，不重视生产环境治理，生产车间或工程现场粉尘迷漫，气味刺鼻。特别是小规模生产企业，脏乱差的生产现场随处可见。恶劣的工作环境加上极高的劳动强度，使工人的健康风险和伤害风险与日俱增。其次，如果工作氛围不和谐，或因员工之间存在矛盾，或因人性化管理不到位，事故风险也会增加。社会上时有发生的泄愤伤害事件在工程领域也是存在的。最后，对自然灾害的预防工作不到位、不重视，会大大提高自然灾害的风险等级。所谓天灾人祸往往是指貌似天灾，实为人祸。风暴、洪水、干旱、虫灾等常见灾害如果加强责任意识，加大科研投入，进行人工干预，降低灾害风险也是可以做到的。抗击新冠病毒疫情的国内外措施对比就是一个鲜活的例子。

一般认为，突如其来、毫无征兆的自然灾害对于工程风险来说是客观的，也是不以人意志为转移的。最为典型的是地震灾害形成的工程风险。人类历史上延续时间最长、涉及面最广的风险，恐怕就是"靠天吃饭"之中隐含的风险。时至今日，如遇严重的旱涝灾害，也难免会有局部的生命财产损失。但无论如何，就降低风险而言，人们对自然灾害也不会听之任之。包括地震在内，人类关于减灾防灾的科学探索和实践活动从未停止过。除了自然灾害外，还有一些技术方面的客观因素。比如，在一定历史阶段，因技术落后，一些场合必须使用他国的设备、零部件或工艺，这就产生了受制于人的风险。供货不及时甚至断货造成的损失，工程技术人员及管理者往往也很无奈。可见，国家整体实力的强弱，对其存在风险的程度和承受风险的能力影响是十分明显的。工程风险的来源如图3-3所示。

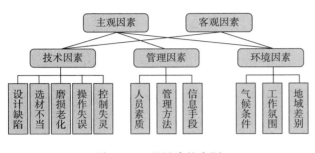

图3-3　工程风险的来源

风险因素不是孤立的。主观风险因素和客观风险因素常常同时存在，有主有次。全面分析风险因素，对于有效避免或降低风险意义重大。

3.1.3　工程风险的可接受性

在工程实践中，完全没有风险的事情是不存在的。不去做事，才没有风险。为了避免风险而不去做事，这是一种极为消极的人生态度。人们必须理性地思考，当运筹一件事情的时候，首先要确定这件事情是不是值得去做，也就是它的价值所在。如果它的价值得到决策者的普遍认同，便会立项实施。需要注意的是，这里提到的"价值"是单一的投入产出，还是公益优先？于是就看到了项目决策的伦理深意。同时也决定了项目风险大小的可接受性。工程的目标是造福人类，如果这始终是工程决策的宗旨，那么良知就会推动工程的立项实施。当然，能否真正实现造福人类，也需要进行恰当的评估。比如一项水利工程的价值，需要综合评估防洪抗旱的社会效益和发电观光的经济效益，以及河流水土流失的生态影响，利害对比，风险评价，这样才能体现项目责任主体的良心所在。唯有这样，才能在效益与风险之间找到一个好的平衡点，并在工程项目实施中进一步降低有可能存在的风险。然而在现实中，工程的决策常常把经济利益放在首位，追求一己之利的欲望有很大概率会淹没掉人性本来的善良。这种欲望会淡化工程风险意识，增加侥幸、投机心理，会对法律法规、制度标准置若罔闻。前面提到的福建泉州欣佳酒店坍塌重大安全责任事故就是一起利欲熏心、忽视工程风险的典型案例。

要确定工程风险的可接受性，首先必须在工程项目实施之前进行风险评估分析，一方面，就工程本身的安全性开展调查，对照标准细致分析施工条件、物料设备、人员结构的完善情况，各方面的准备工作是否充分。在调查分析的基础上形成详细的风险评估报告。另一方面，对于大型建造、开采工程，必须进行环境影响评估，也就是要明确工程项目未来的使用是否会产生生态方面的灾害后果。特别是涉及化工、矿业、水利等行业的工程项目，破坏生态环境的风险不可小觑，历史的教训也提醒人们要慎之又慎。

风险与成本关系十分密切。一般来讲，将风险确定为若干等级，形成风险的等级标准，对于防灾减灾意义十分重大。比如风灾的蓝色、黄色、橙色、红色预警信号等级，根据公布的不同风险等级，人们调整重视程度，投入相应的力量做好防范，可以达到恰到好处的风险处置效果。工程项目中，房屋建筑质量是人们普遍关注的。现行国家标准《建筑结构可靠性设计统一标准》（GB 50068—2018）规定，建筑结构设计时，应根据结构破坏可能产生的后果的严重性，采用不同的安全等级。建筑结构安全等级划分为三个等级：一级：重要的建筑物，如果遭受破坏，后果会很严重，对人的生命、经济、社会和环境影响很大；二级：大量的一般建筑物，如果遭受破坏，后果比较严重，对人的生命、经济、社会和环境影响较大；三级：次要的建筑物，如果遭受破坏，后果不严重，对人的生命、经济、社会和环境影响较小。重要建筑物与次要建筑物的划分，应根据建筑结构的破坏后果，即危及人的生命、造成经济损失、产生社会影响等的严重程度确定。

新冠疫情防控期间，根据疫情变化动态调整地区疫情高中低风险等级，也是同样的道理。项目管理是管理学中的分支学科，工程项目在其中占有很大比例。这门学科中的项目风险管理是一项重要内容，它是识别和分析项目风险及采取应对措施的活动，包括将积极因素所产生的影响最大化和使消极因素产生的影响最小化两方面内容。内容主要包括：①风险识别，即确认有可能会影响项目进展的风险，并记录每个风险所具有的特点。②风险量化，即评估风险和风险之间的相互作用，以便评定项目可能产出结果的范围。③风险对策研究，即确定对机会进行选择及对危险做出应对的步骤。④风险对策实施控制，即对项目进程中风险所产生的变化做出反应。这些程序不仅相互作用，且与其他一些区域内的程序互相影响。科学地进行项目风险管理，对于降低工程风险，处理好风险与成本的关系具有重要的现实意义。

3.1.4 工程风险的防范

有效地防范工程风险，是工程项目的必然要求，也是工程技术和管理人员应该不断强化的道德伦理意识。工程风险的防范，必须着眼于以下三个方面的内容。

（1）完善的设计

前面在论述工程风险的来源时，已经阐明设计缺陷会造成大大小小的工程风险，特别是像飞机失事这样的灾难性风险。因此，完善的工程设计对于保障工程质量、消除事故隐患意义重大。很多工程设计属于预防性设计，也就是在工程中要做到防患于未然。比如消防通道、消防器材设计、机器自停急停设计、车辆ABS、安全气囊设计，装备设施的自锁设计、承受冲击力的缓冲设计、公共场所的盲道设计等。许多设计在降低事故风险的同时，也是社会关爱、道德风尚的体现。完善的设计要求工程师加强责任意识的培养和锻炼，也是内心道德修养意识的锤炼。

（2）操作规程

规程，规定的程序，规范的章程。任何工作，如果没有规律，就会陷入杂乱无章。人类文明的发展历程，也是探索创造的过程。在这个过程中，技术在不停地进步，系统伴随着功能的完善也在渐渐变得复杂。任何事物的运行都是有其规律的，循着规律，积累经验，人们就会在追求幸福的实践活动中把损害损失的风险不断降低。在涉及操作的各种实践活动中，经验以至于事故的教训促使人们制定并完善了各种操作规程，并制定了严格遵守操作规程的制度规定，以求最大限度地避免事故的发生。古往今来，因违反操作规程而引发的灾害事故不计其数，有句话"规程是用鲜血写成的"不无道理，特别是在工程施工和工厂生产中，各种机电设备是必不可少的，如不按操作规程或违反操作规程开展作业，事故风险就会增加很多。

（3）应急预案

应急预案指面对突发事件如自然灾害、重特大事故、环境公害及人为破坏的应急管理、指挥、救援计划等。这些突发事件很多都与工程密切相关，也是工程风险的重要构成部分。如前所述，影响工程风险的因素有很多，有些因素是难以预料的。工程的过程不是一成不变的，涉及工程的安全风险因素也会时常发生变化。历史的经验教训证明，面对突如其来的风险事件，包括地震、风暴、火灾、工程物坍塌、传染病、恐怖袭击等，如果没有相应的事先应对措施，能够迅速出击，有条不紊、协调有序地开展救援工作，那么现场就会陷入混乱，损失就会大大增加。俗话说，有备无患，未雨绸缪，道理就在于此。火灾是工程风险的重要来源，古往今来，是人类社会生活中最为常见的灾害之一。历史上的无数火灾给人们带来了巨大的财产损失、身体伤害和心灵创伤。因此，在全球范围内，关于火灾的预防和救援已经形成了一整套完备的应急预案体系。

3.2 工程风险的伦理评估

对工程风险的认识和把握，是消除或减少事故隐患的需要，也是增强内心道德意识和责任感的需要。确定工程风险的可接受性本身就是一个伦理问题，它表面上是在权衡收益和风险之间的利弊，实际是从深层次考量工程人员的善良品性。对工程风险进行伦理评估，就是站在一定的伦理立场上，本着工程安全、造福人们的目标，用责任和良知去评判工程中可能存在的各种风险。

3.2.1 伦理评估原则

工程风险的伦理评估必须按照以下四个方面的原则进行：

（1）以人为本

以人为本是社会关爱，是道义良知，是责任使命，更是社会文明进步的重要标志。社会实践的主体是人，道德伦理的作用对象也是人。春秋时期齐国名相管仲说，"夫霸王之所始也，以人为本。本理则国固，本乱则国危"。儒家思想中的"民为贵""民，君之本也"等的阐述是中华传统文化以人为本的深刻体现。西方人本主义强调人存在的价值，认为任何时候人都应该是目的，并进而关注个体生命的本性和本能，将人的躯体、活动、意识、情感看作是高度统一的。马克思辩证唯物主义和历史唯物主义是以实践为根本出发点的。实践的主体是人，社会历史发展的主体也是人，因此以人为本也必然是马克思主义哲学最本质的特征。工程实践作为人类历史发展的重要内容，在其构成的诸多要素中，人的要素是首要的也是根本的。可以说是人的躯体、活动、意识、情感在推动着工程任务的执行，人的道德自律左右着工程活动的走向。善恶福祸都在一念之中，这个"念"就是人心底的良知。在工程风险的评估中强调以人为本，既是保证工程顺利实施的首要条件，更是实现工程造福人类的道德要求。

（2）整体主义

整体主义是一种具有大局意识的认识和道德原则，它强调在社会生活中要处处将整体利益置于个人利益之上。识大体、顾大局是整体主义对待事物的基本态度。从整体主义我们可以联系到国家的整体、民族的整体、社会的整体。自古以来，天下为公的思想就深入人心，多少思想先贤、仁人志士为求得世界大同的理想而探索奋斗不已。从孔子的"大道之行，天下为公"到孙中山的"天下为公，世界大同"，再到当今的人类命运共同体，尽管其内涵增加了许多，外延也扩展了许多，但人类追求和谐幸福的初衷却是永恒不变的。政治的整体利益是以伦理的整体利益为基础的。整体是由个体聚集而成的，如果没有个体内心的道德自律和品性养成，国家、民族、社会等政治整体的愿望诉求就无法实现或得不到有效保证。中国传统文化自古就有"天人合一"的思想主张和道德遵循，尊重自然规律，万事依道而行，是道家思想的精华。所以，归根结底，整体主义深刻蕴含的是伦理优先和道德至上的人类生存发展法则。

工程是人类社会文明进步的必要手段，是创新创造的根本源泉。从整体主义观点来看，工程本身就是一个整体，可以称为工程共同体。构成工程的人、财、物等要素也是导致工程风险的因素，在工程活动中，必须综合考虑各种因素产生的效应，合理把握各种因素之间的内在联系和相互作用，从而能够采取必要的措施降低工程风险。事实上，整体主义的思想方法与系统观的方法论是紧密契合的。系统观强调要素间协调配合相互作用以实现功能，实际上是对孤立片面看问题、机械呆板处理事情的批判和矫正。由此可见，在工程实践中，必须遵循整体主义的工程风险伦理原则。

（3）预防为主

预防为主是降低工程风险的重要手段，也是不可轻视的伦理原则。虽说亡羊补牢，犹未晚矣，但凡事未雨绸缪还是非常有必要的，也是处理事情的首选。俗话说，没有远虑，必有近忧。风险时时处处都在，不能因噎废食，也不能麻痹大意；宁愿谨小慎微，也不能漠视风险。对于工程风险尤需如此。工程事故给人们带来的灾难和心理创伤往往刻骨铭心，经验和教训告诉人们不同工程环境中潜在的风险，如果不吸取教训，悲剧就可能重演。警钟长鸣，防患于未然，这早已成为工程建设者不容争辩的共识。工程设计中的安全系数、逃生通道、自控装置，工程施工前的教育培训、救援演练、防控物资，工程竣工后的测试验收、空载运行、经验总结，这些都是降低工程风险的有效措施。站在伦理的角度，预防是责任意识的体现，是尊重生命的表达，是道德品性的注脚。

在风险预防方面，新冠病毒疫情的防控是一个突出的例证。疫情自暴发以来，由于没有有效的药物和疫苗，防控是唯一阻止病毒扩散的方法。在防控过程中，涉及包括信息技术在内的许多工程方面的内容，如防控物资的生产配备、交通运输的管控、人员流动的监管、先进生物医疗设施的研发等，都成为当务之急。事实证明，群策群力、技术与管理齐头并进的防控措施，从根本上阻断了病毒的传播途径。尽管疫情防控是被迫的、无奈的选择，也付出了相当大的代价，但即便有了药物和疫苗，事先预防仍是降低风险不可或缺的首要选择。万众抗疫的胜利成果无可争辩地显示出中国把民众健康福祉放在首位，具有责任担当的大国形象。

（4）制度约束

世间万物的运行都有其基本规律，打破了规律，各种风险就会骤然增加。规律分自然和人为两类，人为形成的规律，也就是工作中需要讲求的规律，即所谓的制度。从广义上讲，凡是可以形成条文让固定范围的人们共同遵守的东西，都属于制度的范畴，包括规范、守则、章程、法律、约定等。由社会形态确立的制度，是一个国家性质的根本。民族约定俗成的礼仪规定，宗教信仰的清规戒律，民间团体的活动规则，都是制度的不同表现形式。芸芸众生，品性不同，如没有共同遵守的东西，大家都我行我素，世间乱象不知会增加多少。工程活动涉及大众的安全福祉，其整个过程必须协调有序，唯有这样，才能保证工程的安全顺利。而要实现协调有序，制度保障是必不可少的。工程中的规范、标准、政策、守则等都是制度的具体形式，其中的各种标准，如设计标准、施工作业标准、监理标准、检验标准等，对于保证工程的安全和质量都是至关重要的。从伦理的角度看，制度约束实际上是强制性地让工程相关人员意识到肩负的职责，不能恣意妄为，让私欲冲破牢笼，从而给工程带来各种隐患。由此可见，制度约束的伦理原则实际上是最深层次的道德坚守，通过这样的道德坚守，可以将工程风险压到最低限度。

3.2.2 伦理评估途径和方法

在利益至上的市场经济环境下，工程活动开展的决定因素往往是经济利益。能不能有意识地进行工程风险的伦理评估以及怎样进行伦理评估，都在考验着决策者的内心良知。对工程风险进行伦理评估，应该与经济利益、社会效益、生态环境等相结合，沿目标明确途径并采取行之有效的方法进行。一般将伦理评估的途径分为内部评估和外部评估两大步骤。

（1）评估途径

①内部评估。工程项目酝酿初期，决策者应根据工程的性质和规模以及项目的影响力展开内部调研分析。围绕工程项目的功能发挥、技术条件、环境影响、监管措施等进行咨询和考察。需召开以工程技术和管理人员为主的工程项目论证会，决策者站在伦理的立场上提出本项工程的利弊问题，引导大家从不同的角度认识工程项目造福一方的出发点，在整体主义和大局观的要求下分析工程项目的技术、功能可行性。特别是有些技术可能带来的伦理风险要加强认识，充分重视起来。比如化工技术、生物医疗技术、信息技术、核技术等，这些技术其中蕴含的伦理内容十分深刻，一旦出现问题，其伤害性影响强烈且持久。2015年发生在天津滨海新区的化学危险品特大爆炸事故就是一个典型的例子。由此可见，进行工程风险的内部伦理评估，一方面是工程的实施对特定范围内的受益对象产生的公益效应；另一方面是工程项目对周边环境是否有不利影响，影响到什么程度，怎样减少这种影响，由此带来的风险如何。趋利避害是内部伦理评估的主要目的，其中的"利"一定要注意不能单纯理解为经济利益，这也是伦理评估的要点之一。通过内部评估应该消除主要分歧，伦理原则基本达成共识，将伦理内容融入技术管理中，形成工程论证报告。

②外部评估。在内部评估的基础上，针对存在的问题，工程项目方需邀请相关领域的专家到现场进行勘察指导，站在公平的立场上对项目涉及的经济、社会、环境等方面内容提出建设性意见。由于不牵涉自身利益或受相关制度约束，专家评估能够更加客观地梳理工程项目的各个环节，往往会对项目产生的影响切中要害，特别是项目有可能对环境和他人造成伤害性的影响，其中的风险能够得以正视。例如，对于建设工程项目，必须按照国家规定进行环境影响评价，简称"环评"。环境影响评价是我国环境保护法律中的一项重要制度，它是对可能影响环境的工程建设项目预先进行调查、预测和评估，提出环境影响及防治方案的报告，经主管部门批准后才能进行建设的法律制度。通过环评，可以有效把控工程项目在生态环境方面存在的风险，并提供行之有效的降低风险的措施。作为一项制度，其本身似乎并未涉及伦理问题。但从深层次看，制度的形成一定与伦理密切相关。灾难性的事故永远警示人们，涉及民生福祉的行为，必须重视风险，一旦既成事实，破坏性的后果有可能是不可逆转的。

在信息技术高度发达的今天，民意调查也变得简便易行。让社会公众参与到工程风险的评估当中，通过网络及时获取有参考价值的信息，对于工程项目的正确决策大有裨益，这也是对工程风险进行伦理评估的有效途径。

（2）评估方法

以上途径中实际也包含着工程风险伦理评估的方法，总体来说都是影响工程的诸多方面与伦理内容相融合进行评估的方法，归纳起来有以下三个方面：

①经济评估与伦理。经济评估中往往隐含着许多重要的伦理问题，但这些问题也往往伴随着利润的测算而被忽略。在市场经济环境中，人们的关注点常常集中在工程项目的经济效益上，能否赚钱以及赚多少钱，牵动着一颗颗躁动的心。如果没有有效的机制在工程论证阶段切实渗入伦理评估内容，工程就有可能在私欲膨胀中步入歧途。纵观大大小小的工程责任事故，唯利是图恐怕都是根本性的原因。伦理问题在工程项目的经济评估中就像一面镜子，能够照出人们心底的善恶美丑，也能够照出工程风险的存在与否、程度如何。通过强制性的规则，将伦理问题纳入经济评估中，作为一种评估方法践行之，对于保证工程项目步入正轨具有重要意义。

②技术评估与伦理。对工程项目进行技术论证，是工程在筹划时必然要涉及的内容。没有技术的保证，就谈不上工程的顺利实施，更谈不上工程质量的达标。一个现实问题是，工程的管理者出于经济利益的考虑，总是在想方设法压低成本。正常的因陋就简、去掉繁文缛节以节省成本是对的，但以降低技术标准去压缩开支，其中的风险就会大大提升。工程技术人员的精力往往主要集中在工程的各个技术环节，对技术和伦理的关系却少有考虑。技术伦理本身就是伦理学的一个分支，在研发和使用技术时如果没有伦理意识，工程风险同样会增加。技术就是方法和手段，当有人居心叵测时，利用技术的方法和手段去谋取不义之财，工程风险就会成倍增加。把技术评估与伦理的深度融合作为一种综合的评估方法，会使工程技术人员在专业技术工作中自觉地增强道德自律意识，对于提升他们的素质修养有很大帮助。

③生态评估与伦理。随着国家对生态环境保护的日益重视，工程技术和管理人员也必须强化环保意识，将技术和管理工作与应承担的环保责任紧密结合起来。事实上，生态评估本

身就意味着进行伦理评估，因为对生态环境的保护实际就是在保护人们幸福生活的家园，是工程作用于人和社会的突出体现。多年来，作为中国重要生态屏障的祁连山由于矿产的无序开采，造成的生态破坏可谓触目惊心。漫山遍野千疮百孔，生态修复谈何容易。由此带来的风沙加大、水土流失，百姓生活苦不堪言，其中的伦理意味何其深刻！绿水青山就是金山银山，是理念，也是伦理。在工程中，为了一己之利破坏了千家万户、子孙后代赖以生存的生态环境，那颗本应有良知的心能够安稳吗？所以说，针对工程风险的生态评估与伦理能否紧密结合，是对工程决策者和参与者态度与精神的拷问，是对工程本身能否经得起时间与历史检验的关键。

3.3　工程风险的伦理责任

从责任的角度探讨工程风险问题是必然的，也是理所应当的，因为工程风险高低的变化情况与责任是紧密关联的。责任是应尽的义务或应完成的工作任务。工程的目标是造福人类。为了这一目标，无数技术、施工和管理人员在不同的工程岗位上，为完成不同的工作任务而奔波忙碌。工程风险是无处不在的，如何避免风险转化为事故，责任是至关重要的。责任本身就包含着伦理，用伦理去强化责任，这是现实中应该具有的精神和态度。尤其在工程领域中，用伦理责任去化解工程风险，用内心的道德责任感去筑就工程的品质大厦，这应该是每一位有良知的工程人员拼尽全力去完成的使命。

3.3.1　伦理责任的概念

推动社会文明进步的任何因素，都极为重要且不可替代。前面讲过的义务，其实也是一种责任，应尽的义务也是应尽的责任。遵纪守法，尊老爱幼，照顾家庭，讲求孝道，这些社会尊崇的传统美德，就是人活一世的义务和责任，其中"天伦"的意蕴十分明显。社会中善恶美丑交织，尽显人性之差异，实际也是义务责任能否根植于心、践行于世的结果。人要生存发展，就要工作，在适合自己的职业领域谋求一个岗位，在完成本职工作的同时取得一定报酬，助个人成家立业。这里面包含了对每一个人生存发展至关重要的职业责任。我们经常说，责任重于泰山，针对的常常就是职业责任。简单地说，职业责任就是应该完成的工作任务。因为你已经取得了岗位上的薪酬，你就必须对工作中的每一个环节负起责任，保证工作任务的顺利完成。职业责任是一个人在工作岗位上应该承担的责任，通常所说的责任心和使命感就是评价职业人员对待工作的精神和态度。事实上，职业责任中也包含着强烈的伦理意义，从高尚和卑劣两个方向可以感受到这一点。如果一个人有爱心，高风亮节，他就有崇高的奉献精神，在工作中就能够做到不计报酬，勇于担责；反之，如果一个人居心不良，斤斤计较，他在工作中就会把个人利益放在首位，责任意识不强，对待工作缩手缩脚，瞻前顾后，甚至损人利己。

无论是义务责任还是职业责任，都会深深地触及人的灵魂，会直接关系到风险的高低。由此体现出来的道德意识和伦理关系成为社会生活中最为深刻的责任理解，这种责任理解可以用伦理责任来表达。所谓伦理责任，就是基于人内心的道德意识所产生的处理事情的主观意愿。伦理责任深含社会文明进步所要求的爱心、真诚、帮扶。当人的内心充满了伦理责任感时，义务责任和职业责任的担当就成为水到渠成和理所应当。在工程活动中，伦理责任的重要性是毋庸置疑的。工程责任事故的发生，无一例外都是因伦理责任的缺失造成的。工程技术和管理人员能够树立伦理责任意识，是最根本的责任感的强化，是崇高品质的塑造和锤炼，是对工程造福人类的本质的认识和践行。从伦理责任的角度关注工程风险，极具现实意义。因为这个世界功利思潮过于严重了，甚至严重到私欲膨胀、胆大妄为的地步。道德是预防，法律是弥补。由工程风险导致了工程事故，法律惩罚实为亡羊补牢，事故造成的损失和心理创伤的阴影会长久存在。泰坦尼克号沉船事故已经过去了一个多世纪，看看电影中老年露丝那伤感的眼神，想想那位设计师振振有词、信誓旦旦地宣称"永不沉没的船"，心中应该对伦理责任有了更为深刻的理解。

3.3.2 伦理责任的分类

伦理责任是一个涵盖面非常广泛的概念，只要涉及人的社会活动的领域或场合，就会存在伦理责任问题。一般而言，伦理责任可分为以下三类。

（1）职业伦理责任

每个人在一生的身心成长过程中，总是要涉及职业的选择并从事一定的职业工作。职业就是从事的岗位工作，是个人服务社会并取得生活来源的工作。每一种职业都是应社会所需而产生并发展的，同时，每一种职业都有其自身的特点。有偏重体力的职业，也有偏重脑力的职业；有热门的职业，也用冷门的职业；有实体的职业，也有虚拟的职业。现代社会中，职业的目标都是服务社会、促进文明，对个人来说是谋求生计。可以说，服务他人与自我谋生都存在一个平衡点，如果打破这种平衡，将会出现两个极端，或者高尚——职业促进社会文明，或者卑劣——人性险恶让文明倒退。有些职业要求从业者自身的修养品质应达到较高的境界，也就是服务意识要高于谋生追求。比如教育作为一种职业，从业的主体——教师应该具备崇高的教书育人理念，并为此而尽职尽责。因为教育的目标是培养人才，如果教师仅仅是为了谋生而工作，那么往往在很多方面达不到育人的目的。尼采说："任何一种学校教育，只要在其历程的终点把一个职位或一种谋生方式树为前景，就绝不是真正的教育"，他所表达的就是这样的观点。

工程职业是涉及与生产建造企业有关的设计、制造、施工、检测等工作的职业。可以说，工程职业是人类社会覆盖面最广、种类数量最多、从业人员群体最为庞大的职业，也是有可能出现事故风险最为集中的职业领域。从事工程职业，无论是哪一种，耐心、细心、精心、匠心都是做好工作应该具备的基本素质。一些危险性较高的行业，如采矿企业、化工企业、建筑企业、能源企业等，对这些基本素质的要求更为严格。由于风险的存在，工程职业更加注重责任意识，所有工程职业的从业人员必须加强伦理意识、道德品质的教育和培养，强调圆满完成工作任务是对自己负责，更是对家庭、对他人、对社会负责。事实上，这种责任心就是职业伦理责任的表达。职业伦理责任是在职业活动中应该承担的伦理责任，它表现为职业操守、职业精神和职业态度。社会主义核心价值观倡导的敬业，实际就是突出职业伦理责任的内涵。对于工程来说，职业伦理责任是保证工程目标实现的第一要素，也是降低工程风险、确保工程安全的首要条件。强化职业伦理责任意识，是每一个工程人员提高自身修养的必修课。

（2）社会伦理责任

社会伦理责任是人们在社会生活中基于伦理关系的责任担当。社会生活纷繁复杂，有光鲜亮丽、真诚友好，也有阴暗丑陋、虚伪焦躁；有助人为乐、舍己为人，也有私欲膨胀、损人利己。社会的万花筒，交织着人性的善恶。在创造文明的历史进程中，社会需要关爱，需要温暖，需要信任，需要呵护，所有这些都是社会伦理责任的体现。一个人生活在人世间，如果缺乏社会伦理责任，其个性品质就会走偏，价值观就会扭曲，他的行为就有可能对社会产生危害。可以说，社会伦理责任风尚的广泛树立，对于世间各种风险的防范和避免至关重要。信息社会，鱼龙混杂，先进的网络技术，便捷的交互方式，为人们的生活带来了时尚和方便，同时也为无良之徒提供了可乘之机。一些毫无社会伦理责任、想方设法投机取巧、置他人利益于不顾的卑劣小人，蛰伏在网络阴暗处，窥视着善良的人们特别是赢弱的老人，使用各种手段骗取不义之财。这是市场经济环境下社会伦理责任缺失产生的令人心忧的现象。

工程是服务于社会的，现代社会可以说是一个工程的社会，因为人的衣食住行、工作娱乐都与工程息息相关。人类文明进步的历史也就是工程创新的历史。从广义上讲，人在社会生活中进行的任何活动，都离不开工程的支持，即使是思想活动，往往也以"物"为基础的。所以说，工程与社会是密不可分的。工程职业所涉及的每项工作或工作的每一个环节都直接、间接地影响着社会，因此职业责任与社会责任是相互关联、相互作用的。从伦理的角度看，可以更深层次地理解职业与社会的关系。每一次工程事故，是职业内的事，更是社会中的事。那一幅幅悲惨的场景，对职业安全生产的冲击是巨大的，给家庭、社会造成的伤害是长久的，由此引起的对社会伦理责任的思考也是极为深刻的。2000年12月25日，发生在洛阳东都商厦的特大火灾事故，夺去了309个鲜活的生命。火灾源自工程焊接违章施工产生的高温焊渣，而造成大量人员伤亡的重要原因是逃生通道不畅和楼上娱乐城的违法经营。其中责任的分量可想而知，如果施工、通道、经营等任何一个环节懂得责任，重视责任，心中有道德，行为重伦理，事故或许能够避免，至少能够减少损失。社会伦理责任应该人人思考，人人具备，而工程技术和管理人员更应如此。当社会伦理责任牢牢根植在内心时，工程风险的降低就成为必然。

（3）环境伦理责任

谈到环境，国人心中的痛至今难以完全平复。尽管近几年山清水秀、鸟语花香的环境有所恢复，但想想发展的历史，以牺牲环境为代价获取经济利益产生的弊端触目惊心。河流污染了，植被破坏了，资源枯竭了，我们赖以生存的美好家园变得千疮百孔。忽视环境保护而谋求发展的后果，无异于杀鸡取卵、竭泽而渔。环境伦理责任关注的是人类追求幸福生活所必不可少的自然环境。千百年来，由于人性的贪婪而过度攫取环境资源，造成生态灾难的事例比比皆是。恩格斯说："我们不要过分陶醉于我们人类对自然界的胜利。对于每一次这样的胜利，自然界都对我们进行了报复。"事实上，长久生活在恶劣环境中的人们，品尝着无视环境保护，为了眼前利益恣意妄为带来的恶果，痛苦又无奈。好在痛定思痛之后，我们认识到了这一严峻的现实问题，发展不能以破坏环境为代价，及时调整经济建设的方向，走上了高质量发展的道路。认识是在经验教训中不断深化的，这个过程也是责任意识树立和不断强化的过程，其中的伦理思考也是在切肤之痛中渐渐深入的。环境问题实际上就是责任问题，从深层次来看，是伦理责任的体现。基于环境保护的伦理责任是福及子孙后代的。

工程与环境是形影相随的。直接作用于环境的工程如水利工程、采矿工程、交通工程、能源工程等。很多工程如果缺乏对自然规律的认识，没有先进的技术支撑，盲目冒进实施，生态风险就会很高，一旦发生事故或形成恶果，其灾害性的影响会相当持久。核工程项目就是一个典型的例子。切尔诺贝利、日本福岛，核辐射的阴影在事故发生多年后仍笼罩着一方水土，那遭污染的土地至今荒芜，成为恐怖禁地。当战争阴云密布时，核武器的存在，给人类带来了地球毁灭的风险。当然，在和平年代，核技术给人们奉上健康福祉的例子也有很多。这里面就包含了发人深思的伦理问题，道义与利益之间取舍相当艰难。工业生产不计环境后果、造成环境污染的事例不计其数，大大小小的生态案例告诉人们，不要认为一草一木、一汪小溪的消存与己无关，环境伦理责任牵涉千家万户，其中涉及的风险福祸关乎每个生灵。对于工程建设者，强烈的环境保护意识是内心道德情操的坚实基础，用崇高的责任和使命去坚守心中一片净土，去历练道德自律引导下的个性品质，是环境伦理责任意识的充分体现。

3.3.3　工程个体与共同体的伦理责任

工程个体指的是工程职业岗位上的每一名工作者。岗位职责明确了工作者应完成的工作任务，以及应遵守的操作规程。工程个体在工作中的所作所为决定着工程项目局部或整体的进展和质量。在这个过程中，工程个体自身的道德素养对本职工作的影响是相当显著的。能够自觉、自愿地践行工程项目的宗旨，秉持服务他人、服务社会的理念，恪守做人良知的底线，从而尽职尽责地完成本职工作，这是工程个体应该牢牢铭记在心的伦理责任。工程事故往往源于伦理责任的缺失，实际也是个人自身品德修养的缺失。2018年10月28日，重庆市万州区一辆公交车失控后坠入长江，包括司机在内共15人随车坠江身亡。监控录像显示，车辆失控坠江原因为司机与一乘客发生激烈争执。且不说那名乘客道德缺失，司机作为职业从业者，也是乘客生命财产的守护人，他自身的人性品质对于车辆行驶中的安全具有决定性的作用。如果其职业生涯能够将伦理责任意识根植于心，让服务保障他人也是保障自己的精神和态度成为工作中分分秒秒的自觉行为，那么在出现干扰的时刻，即使自己的身体受到伤害，他的意志力和执念也应该能够让他牢牢把握住方向盘，保证行驶安全。媒体不止一次报道过，公交车司机在突发疾病时，强忍病痛甚至在生命的最后时刻将车停至安全地带，保护了乘客的感人事件。工业生产中类似的事件也时有发生。从这样的事例中可以感受到，当工程个体内心深处压着的是沉甸甸的伦理责任时，他的职业行为是稳重机智的，保证公众生命财产安全会成为处理风险事故时的一种本能。

工程共同体是以共同从事的工程项目为基础形成的，以工程的设计、建造、制作和管理为工作内容的活动群体。工程共同体包括多种成员，如投资者、企业家、管理者、设计师、工程师、会计师、工人等。工程共同体是由工程个体构成的，之所以强调共同体，这是由工程的整体目标实现决定的。共同体所指向的目标，幸福安康是首要和根本。任何社会活动要想取得预期成效，靠个体单一因素是不可能完成的，工程实践活动更是如此。前面讲过，工程是一个系统，唯有各要素间协调联动，才能完成整体目标。所以，强调整体是非常重要的，也是工程个体树立大局意识的基本理念，其中也包含着伦理责任问题。社会生活中包括大大小小的工程项目，如果没有一个整体的概念，工程内部或工程之间各自为政，工程目标的服务宗旨不能得到有效贯彻，也难以形成整齐划一的工程格局，那么工程就会成为一个松散的结合体，工程个体的伦理约束力就不强，由此带来的工程风险将会成倍增长。

工程个体和工程共同体是站在伦理责任视角看待工程实践活动的两个方面，二者又是密切关联的，基于伦理责任的承担主体，工程个体更强调具体品性的磨炼和道德观念的树立和强化，而且要让品性和道德观念对岗位工作产生积极的影响；而工程共同体关注的是工程宏观目标的趋向和实现，以及作为一个整体留存于社会的责任形象。在工程的实践活动中打造具有广泛影响力的过硬品牌，是每一个工程共同体的理想追求。这里的品牌，并不单指商业价值，更重要的是包含在品牌中的社会责任感，这是工程共同体塑造形象的关键所在。综上所述，无论是工程个体还是工程共同体，伦理责任在他们面对的工程职业岗位和工程项目运行中都是公众健康福祉的根本需求。

分析思考题

1．什么是风险？工程风险的伦理责任有哪几种类型？

2．如果你是一名工程师，想一想在你的工作中有可能存在哪些风险？如何降低这些风险？

3．工程师应该承担哪些风险伦理责任？

4．请从工程风险及伦理责任的角度分析以下案例的发生及原因。

2019年2月23日8时20分许，西乌珠穆沁旗银漫矿业有限责任公司使用超载违规车辆运送工人时发生井下车辆伤害重大生产安全事故，造成22人死亡，28人受伤。法院审理查明，涉案企业人员在生产、作业及监督生产作业过程中，违反有关安全管理的规定；涉案车辆的经营者，未取得回收报废车辆的资质，非法经营报废车辆，扰乱市场秩序；涉案的国家工作人员，在履职过程中落实安全生产监管责任不到位。上述犯罪行为导致井下车辆伤害重大安全生产事故，情节特别恶劣，均应依法予以惩处。西乌珠穆沁旗人民法院根据被告人的犯罪事实、性质、情节及对社会的危害程度，做出一审判决。以重大责任事故罪、对非国家工作人员行贿罪，判处被告人接郗清有期徒刑四年八个月；以重大责任事故罪对另外十七名被告人分别判处有期徒刑四年六个月至免予刑事处罚不等的刑罚；以非法经营罪分别判处被告人何福洲、张华有期徒刑四年六个月；对国家公职人员司全成以滥用职权罪、受贿罪，姚玉清以玩忽职守罪、受贿罪分别依法判处刑罚。部分被告人同时被处罚金。

第四章　工程中的价值观

知识要点

● 了解价值和价值观的概念
● 把握价值观和伦理观的含义和相互关系
● 认识工程的利益价值观及其现实意义
● 体会工程的公益价值观

【引导案例】长春长生生物科技有限责任公司疫苗事件

疫苗，是人类生命健康的防护屏障，也是最伟大的医学成就之一。在疫苗诞生的200多年时间里，挽救了无数濒临绝境的生命，为人间划出了幸福祥和的生命净土。纵观历史，在社会文明进程中，人们追求美好的愿望，无不倾注着科学家、工程技术人员驱除病魔追逐良善，为千家万户递送福音所付出的心血和汗水。然而，在文明发达的今天，贪婪的人性仍游荡在社会的阴暗角落，让许多善良的人滴血流泪。本应造福人类的疫苗也成为一些无良之徒的逐利工具。

2018年7月15日，国家药监局根据线索组织检查组对长春长生生物科技有限责任公司生产疫苗的现场进行飞行检查。通过对生产线上的生产记录和疫苗产品抽检，检查组发现，长春长生生物科技有限责任公司在冻干人用狂犬病疫苗生产过程中存在记录造假等严重违反《药品生产质量管理规范》行为。至2018年7月23日，长春长生生物科技有限责任公司生产的流入山东的25万多支不合格百白破疫苗的流向已全部查明，产品已流向济南、淄博、烟台、济宁、泰安、威海、日照、莱芜8个市。这批疫苗已接种247359支，涉及儿童215184人，后续补种工作陆续开展。问题狂犬病疫苗也已流入部分省市。2018年7月，至少已有20个省、自治区和直辖市的疾控部门就长春长生生物科技有限责任公司疫苗事件发声。包括上海、河南、海南、重庆、山东、山西、广西、河北8个省市在内的疾控中心明确表示，全面停用或是暂停使用长春长生生物科技有限责任公司狂犬病疫苗。

2018年10月16日，国家药监局和吉林省食药监局分别对长春长生生物科技有限责任公司做出多项行政处罚。国家药监局针对长春长生生物科技有限责任公司三项违法行为进行了罚款处罚，合计罚没款91亿元。2019年11月8日，长春长生生物科技有限责任公司已经资不抵债，不能清偿到期债务，且无重整、和解之可能，申请破产。管理人的申请符合法律规定，故依照《中华人民共和国企业破产法》第二条第一款、第一百零七条之规定，裁定宣告长春长生生物科技有限责任公司破产。长春长生生物科技有限责任公司的董事长和法定代表人高俊芳，已经移送长春市检察院审查起诉，目前案件还在调查之中，具体的判决结果还没有出来。但根据媒体报道，高俊芳涉嫌行贿受贿、挪用资金、生产和销售劣药等重大罪名。

从这一事件我们可以深切地感受到，当人性的恶主导了人的行为时，这个世界的风险会大到超乎想象。市场经济环境下，为了一己私利而不顾道德伦常的事例并不少见。究其根本，是人的价值观出了问题，社会普遍存在的浮躁、攀比、炫富时时在提醒人们，面对利益，社会公德出现了严重缺失，在"义与利"面前，该做怎样的选择？

4.1　价值与价值观

价值是现代社会谈论最多的话题。在市场经济环境中，提到价值人们想到更多的是经济利益。诚然，社会对存在事物意义的评价标准往往体现在经济价值上。在现实观念中，很多事物甚至包括人在内都成了可以用金钱来衡量的"物"。明星、运动员的"身价"带给人们思维的困惑、价值观的扭曲和冲击是巨大的。这促使人们反思，一个社会到底需要什么？倡导什么？什么才是人们最应该追求的东西？价值观在人类文明历史的发展中，在社会道德水准的构建中，发挥着举足轻重的作用。可以说，世间任何破坏文明的行径，都与价值观扭曲紧密相连。现代社会，工程的本质是在建构实体、构筑文明，但如果没有正确价值观的引导，工程有可能演变成摧毁文明的手段。想一想2000多年来一直在造福一方的都江堰工程，看一看圆明园那悲凉的身影，福祸之间是不同价值观导致的工程遗存。探讨工程中的价值观问题，是工程伦理的一个重要方面，是促进工程向着增添福祉方向前行所不可缺少的道德行为。

4.1.1　价值的概念及特性

"价值"一词在现代汉语词典中解释有二，一是"体现在商品里的社会必要劳动。价值量的大小决定于生产这一商品所需的社会必要劳动时间的多少"；二是"积极的作用"。前者体现的是经济价值，是人们对"价值"最基本的理解。而后者则包含了对价值理解更丰富的内涵。一般来讲，价值的"庸俗"表现就是金钱，这是任何人都回避不开的。而价值的"高尚"表现是"三观"，需要人在生活中进行磨炼、体悟才能获得。现代社会中，在信息技术和经济发展的促进下，社会多元化形态愈发明显，"价值"表现出的内涵的深刻性和外延的广博性都值得人们深思。实际上，价值的对象不仅限于商品，一切劳动所得均有价值。人的价值是通过人的劳动创造体现出来的。从概念本身理解，价值的主体是人，客体是物，人创造了物，让物拥有了价值。同时，人在创造的过程中也体现出了自身的价值。在经济社会中，价值更多地体现在事物被社会接受的程度上，而不单纯是付出的劳动。一个研究者也许付出了很多努力，但其成果不被认可，其价值就不会产生。人的价值可能受天赋影响，就是遗传因素的影响。但归根结底还要靠后天的努力，其中家庭、学校、社会环境也是重要因素。

现实中，价值表现出以下三个方面的特性。

（1）价值的存在性

存在是现实社会中作为客观对象的有形物和思想意识的总称。在人的意识基础上，存在可以定义为被感知的事物，其中同样包含了有形物的实体和思想意识中的精神及态度。存在的并且对社会文明进步产生积极促进作用的事物才能称为有价值。社会生活中善恶美丑、高低贵贱的存在，深刻地体现出社会价值的内涵。法国哲学家萨特在其哲学著作《存在与虚无》中将存在分为"自在的存在"和"自为的存在"，其中就蕴含着自然界和人类社会中价值的不同存在性的深刻道理，特别是通过创造而获得的"自为的存在"对于形成崇高的社会价值具有重要的实践意义。

价值的存在形态有两种，一是天然的存在，二是人为的存在。前者着眼客观，体现在自然景观和原生态作物。当我们走进大自然，呼吸着清新富氧的空气，惊叹于大自然的鬼斧神工，欣赏着神来之笔的纯美画卷，这时，天然存在的价值就展现在我们眼前，留存在我们心中。而后者则强调主观，是指社会发展中"人工物"及思想存在的价值。人类生存发展的过程，实际就是寻求并建构有价值的"物"的过程。因为对物质的追求是人类迈向文明的必经之路。而思想的价值表现出人的认识水平的提升，智慧的展现，实际也是为物质社会发展服务的。事实上，世间存在的价值多数是天然和人为的复合。人们经过对天然物进行处理来提升其价值，表现出人们认识自然、改造自然能力的提升。但是当人们过度关注由人为价值带来的利益时，天然存在的价值就会缩小甚至忽略，继而会出现自然环境的破坏和恶化。人类在发展中已经品尝到了这种恶果。

（2）价值的变化性

价值不是恒定的。不同的时间，不同的角度，不同的认识，同一个"存在"可能表现出不同的价值。价值的变化有衰减也有提升。单纯经济的角度，价值的变化表现为价格的变动，可以从瞬息万变的市场中体会。但对价值变化更广泛的理解应该深入地在我们大脑中感悟。商品的价值降低是不持续创新、人们审美疲劳的结果；品牌的价值提升是长期精雕细琢、口口相传的结果。当一种物或思想触及人类共同的认识基础和追求目标时，比如爱情、家园和家国情怀，它的价值就会随时间的推移逐步提升，如同老酒的芬芳，成为传世的经典。

（3）价值的认知性

存在的价值有时是隐性的，需要探索挖掘才能使其显露出来。比如深藏的矿产资源，宝贵的文物资源。在人类历史进程中，体现建构技艺的"工程物"，表达思想智慧的书籍都具有不同程度的存世价值，而真正的价值内涵需要人们追寻历史的脉络，掌握相关的知识，借助先进的科学手段去认知。历史、地理、社会、考古等许多学科的重要任务和使命就是认知、发掘和整理，使传统的、隐秘的、内含的东西展现于世，使其价值得到凸显或新生。价值的认知对社会、对人的自身是非常重要的。一个人如果不具备价值的认知能力，其价值取向就会出问题，追求和奉献的愿望和意志就不能在成长中得到历练。

文物中蕴含的价值是价值认知性的典型代表。甲骨文是世界公认的三大文字系统之一，它与埃及象形文字、两河流域楔形文字一同代表着古代人类文明辉煌的成就。甲骨文发现于河南省安阳市殷墟，是商朝（约公元前17世纪～公元前11世纪）的文化遗存，有距今约3600年的历史。在现已发现的约5000个甲骨文单字中，约1500个已被学术界识读，另有约500个识读结果尚存疑问。没有识读的文字，辨识的难度很大。当今学术界，若能够正确破解出一个甲骨文，即可获得一个博士学位。甲骨文在汉字漫长的发展历史上具有极其重要的地位和文化价值，从一片殷商甲骨上的文字释义，可以确认一个距今3000多年、长达600多年的朝代，其历史的重大价值可以想象。我国汉字的萌芽，大约出现于新石器时代晚期陶片上的刻划符号。这些刻画文字虽已具备了文字的雏形，但都是一些简单的符号和单字，无完整的体系和规律。真正具有一定的体系并有比较严密的规律的文字，最早就算是甲骨文了。

4.1.2　市场经济环境下的价值观

市场经济环境是指社会经济运行模式以市场为主导形成的社会生产生活环境。一般来讲，商品经济在其发展过程中，人们赖以生存的对物质资源的需求必须遵循市场调节的经济规律，应该尽量减少人为干预。只有这样，社会发展的公平性才能得到最大限度的保证。中国的市场经济即社会主义市场经济起源于20世纪70年代末的改革开放。40多年来，市场经济的运行模式为中国经济的快速发展起到了强有力的推动作用。这种运行模式与社会主义制度相结合，形成的社会主义市场经济使市场在社会主义国家宏观调控下对资源配置发挥了决定性的作用。它使国家的经济活动遵循价值规律的要求，适应供求关系的变化。能够在经济利益的刺激下，极大地激发人们的创造热情，引导人们在追求富裕的道路上开拓进取。中国社会主义市场经济的探索实践，为国家富强、人民生活水平提高闯出了一条发展之路。

在市场经济中，从正面来看，人的价值观是基于对劳动致富的理解和认同。通过辛勤付出去获取应得的利益，从而实现对美好生活的愿望，这是无数人在打拼过程中的切身体会，也是在一定历史阶段国家经济实现快速发展的必由之路。在这条道路上，人的价值观就是"付出+获取"，而"获取"更多地甚至唯一地体现在经济利益上。然而，人性的复杂性以及社会经济发展的复杂性，使人们的价值观在"获取什么"和"怎样获取"这样的问题上出现了很大偏颇，也走了很多弯路，甚至付出了惨痛的代价。为了获取一己之利而损害他人利益、破坏生态环境，在改革开放前30年中，这样的例子不胜枚举。不管怎样，用付出去获取还是社会基本认同的。但当人性的恶掺杂其中时，或者说当获取的欲望无度膨胀时，贪婪就会助长人的邪恶，不劳而获、投机取巧的风气便在社会中流行开来。一些人为了获取利益而不择手段、铤而走险，价值观陷入"人不为己，天诛地灭"的危险境地，社会的污泥浊水便泛滥成灾。

在校园中，学生的价值观应该是积极向上的，教育教学的重要目标也是引导学生树立正确的价值观，这种价值观应该有利于自身的成长成才，应该增强服务他人和社会的意识，这种价值观的具体阐述就是社会主义核心价值观。然而，在市场经济环境特别是高科技的市场经济环境中，信息技术的发达给人们带来了便捷的生活方式，却也让很多人沉迷在对享乐的追求中。校园中鱼龙混杂的信息在蔓延，物质利益的诱惑在侵蚀着学子的心灵，攀比、炫耀、浮躁的现象游荡在教与学之间，本应单纯向上的价值观出现滑坡让人忧心忡忡。无论是校园还是社会，市场经济环境下的价值观引导和重塑必要且紧迫，社会需要传递的价值观取向是——永远不要忘记在心中强化善的品性，将感恩作为人性中任何时候都不可缺少的基础，诚信友善，宽以待人。

市场经济环境中的价值观体现在工程中，会引发出很多使人平添沉重感和责任意识的感慨和反思。时有发生的工程责任事故，都能找到价值观堕落的阴影。无良的工程建造者，置安全风险于不顾，为获取私利而造假甚至漠视生命。受到伤害的善良的人们，用滴血的心在呼唤良知，在用振聋发聩的声音呐喊，充满良知的价值观如何能够回归并牢固？工程的目标是造福人类，这也就是对待工程的价值观的根本。无论是在考察运筹中，还是在设计施工中，抑或是在检查验收中，相关人员都应该秉持民众健康福祉的宗旨，不以获取利益为首要追求，正确对待利益与公益的关系，树立服务大众的正确价值观，在职业岗位上尽职尽责。

4.1.3　价值观的形成及引导

价值观是如何看待价值的问题。它是基于人在意识和思维上从感性到理性对事物做出的认知、理解、判断、选择，也就是人评判事物、辨别是非的思维观点或方向，通过较长时间环境的同化所形成的看待事物价值的观念。在不同社会形态中，不同阶层的人有不同的价值观念。价值观具有稳定性、选择性、主观性的特点，它对人做事动机有导向作用，同时也反映了人们的认知和需求状况。一个人在成长过程中价值观的形成极其重要。所谓价值取向实际就是价值观的取向。因为只有人的思想观念才有方向，价值本身是没有方向性的。对于"这东西有价值"或"积极作用"的词义解释，也是单一正向的价值指向。人的"三观"——人生观、世界观、价值观三者是密切关联的，而价值观对人生观、世界观具有极强的引导作用。对于一个十足的拜金主义者，唯利是图，其人生的意义和看待世界的眼光是什么？不言自明。

人的一生，无论做什么，都必须有个方向，从根本上讲，这个方向与人的品性密不可分。价值观就是引导人成长发展的总方向。人的价值观萌芽于家庭的影响，在儿童时期懵懵懂懂的成长记忆中，能够留存下来什么，这很重要。记忆中的点点滴滴蕴含着做人的道理，父母的言传身教，玩伴的行为举止，老师的循循善诱，如果有一些印象深刻的事情，其中对自己为人处世、待人接物产生的影响，进而思考今后的人生路该如何走，这就是价值观形成的雏形。伴随着人生阅历的增长，每个人在内心深处都会产生并逐渐提升对社会善恶美丑的自我认识，并将这种认识固化到自我的人性品质中，形成自己在社会中看待事物存在价值和自我存在价值的观点。人的价值观就是这样一步步形成并成为自己生活学习、闯荡社会的道德依据。应该说，价值观的形成与社会生活环境是分不开的。无论是家庭环境、学校环境，还是工作环境、社会环境，人们心中的价值观都是在认识和实践中反复循环，凝练成形的。一些重大事件特别是悲剧性事件拷问着人性，实际上也是在质疑人的价值观是否正确。

校园是形成价值观的重要场所。教育的目标是促进学生的身心全面发展，其中最重要的就是正确价值观的形成。大学作为人生走向社会的重要过渡，无论学习什么专业，价值观的培养都是至关重要的。在大学教育中，时常有因沉迷于不良嗜好而荒废学业的现象，实际就是个人在价值观培养方面出了问题。原因是多方面的，无论如何，作为承担人才培养职责的大学教育机构，都应该对这种现象进行深刻反思，不断增强价值观培养的责任意识。大学教育对学生价值观的引导作用可以从专门的思政课程和在专业学习中融入思政教育元素两方面入手。其实任何一门专业课程，只要用心思考，总会找到其中素质教育的内容。从这里可以看出，对学生价值观的引导发挥最直接作用的应该是教师。每一名教师都肩负着教书育人的职责，其中育人目标的实现很大程度上取决于教师的责任意识。市场经济环境下铺天盖地、或优良或劣质的信息时时冲击着校园，撞击着学生的心灵。用什么样的方法去引导学生树立正确的价值观，值得每一位教育工作者深入思考并努力践行。

在工程的学习和实践中培养和引导价值观，是增强人的道德自律意识，形成服务他人、奉献社会的价值观取向的有效途径。一方面，工程的本质是建造实体，工程从设计施工到投入使用，"实"的属性伴随始终。从工程的"实"中，可以体现出务实、踏实、沉稳、持重，在从事工程的实践活动中，人们在岗位上练就的这些品质，正是现实社会中迫切需要的，是形成正确价值观所不可缺少的。道德伦理的问题归根结底也是价值观的问题，在虚拟经济盛行的今天，用工程的"实"充实自我，营造社会清新之风，引导价值观趋向全新道德风尚，具有极强的现实意义。

4.2　价值观与伦理观

站在一个什么样的角度看待道德问题，也就涉及价值观和伦理观的联系和区别。价值观是受环境影响在内心深处形成的对事物价值的认识观点，其中蕴含的道德意境极为深远。也就是说，一个人的品质修养如何，内心自律意识、善的意识如何，他的价值观就是怎样的。伦理观作用于人与人、人与自然、人与社会之间，能否正确地处理这些关系，取决于人的伦理观如何。由此可见，伦理观决定了社会和谐、自然和谐。从本质上看，价值观是伦理观的主导，伦理观是价值观的养成。

4.2.1　价值与伦理

价值和伦理的关系是极为密切的。自从人类产生了认识并有意识地为生存而奔忙开始，价值和伦理就时时处处伴随其中，两者像一对孪生兄弟紧紧依偎在一起，你中有我，我中有你，既是文明之花的养分源泉，也是野蛮深渊的始作俑者。伦理作用于社会，更强调个体价值中的精神层面，让事物存在的价值趋于高尚，让人们心中的私欲得到荡涤。无论是商品的经济价值，还是事物的社会价值，抑或是人的自身价值，尽管体现价值的内容和方式不同，但对人和社会发生作用的趋势是相同的。或者进步，或者倒退，价值中体现的高尚与卑劣是极为显著的。本身"价值"一词是中性的，并不带有褒贬之义，但从伦理的角度看，社会中的价值充斥着善恶美丑，因为价值的拥有并不单纯依附于自然规律。以商品价值为例，当以暴利为目的，蓄意哄抬物价，采用不正当手段使商品的功能与成本严重不相匹配时，商品的价值中实际就含有了恶的成分。每个人在社会生活的奔忙中都在追求价值的实现，最基本的是为了谋生，高层次的是通过创造实现物的价值或人生的价值。通过自身努力实现价值，无论哪一种，都是社会文明进步所鼓励和倡导的。问题是当人性的弱点显露时，贪婪就会作用于价值，让价值失去了正常的功能，也就是人在拼搏进取中获得价值、提升价值的精神和态度。

价值是事物本身具有的一种属性，它反映了事物存在的合理有效程度。伦理则是人伦纲常的道理，是对事物之间相互作用合理性的现实评价。价值的作用对象是单一的和独立的，任何事物都可单独论及它具有的价值，而伦理针对的必然是两个及两个以上的主体或客体。由于价值和伦理共同主导着人的身心愉悦感和社会的文明进程，因而它们也就天经地义地成为人类社会关注、探讨、塑造的极其重要的内容，也共同成为影响社会善恶形成发展和产生完善法理的根源。

与价值和伦理如影随形的是利益。人的欲望和贪婪是一切社会乱象的根源，而所有的欲望和贪婪又都是对利益的无限觊觎。用价值和伦理去制衡利益，在社会发展进程中历来如此。中华传统文化中的"礼数""恕道"宣扬人文关爱，可以说是这种制衡的突出体现。让事物增添价值，用创造成就幸福感，善良的人们一直在耕耘播种，在为社会物质和精神财富的积累倾心尽力。而昧心者为一己之利，损毁社会文明的根基。人性的善与恶永恒交织，社会的贫与富难以消除，正确看待利益，才能增添事物的价值，形成和美的社会伦理关系。

伦理在价值的实现中所发挥的作用是突出且至关重要的。没有正确的伦理把握，社会生活中的各种价值就有可能打上罪恶的标识。例如，在信息社会中，屡屡曝光教育科研领域学术不端的乱象，一些人为了提升自身的所谓"价值"，不愿做辛苦的付出，在知识的殿堂中投机取巧、沽名钓誉，把窃取他人成果当作自己成功的捷径，这种追求"价值"的行为无疑是与社会伦理相悖的。事实上，人世间所有的罪恶都彰显了人性的丑陋，而人性的丑陋必然是对社会崇尚的追求崇高价值的思想和行为的亵渎。在伦理的视野内看待价值，价值就成了道德的价值，也就是社会文明所推崇的价值。市场经济环境中，尽管所有的价值都可以用金钱来衡量，但道德的价值所包含的底蕴并非全部能够折抵为金钱。一个明星身价亿万，但体现在他身上的道德的价值或许一文不值；为了获取更多的利润，在食品中添加有害物质，人性中道德的价值荡然无存；工程中使用假冒伪劣材料，为降低成本而偷工减料，使工程风险剧增，其行为让道德的价值跌入深渊。人在成长过程中必须重视道德的价值，特别是在物质诱惑、追求享乐的社会环境中，用道德的价值充实自我，理性思考人生的意义，自觉抵御奢靡之风，唯如此，对自己，对他人，对社会，生命的意义才能在实现道德的价值中得到真正体现。

思考价值和伦理的问题，会使人受益无穷。身在高校的青年学子，正处于身心磨炼的关键时期，在纷繁复杂的社会环境中应不断增强辨识能力，树立"价值通过努力付出和开拓进取来获取"的思想观念，面对信息时代铺天盖地的产品宣传，面对奢侈享乐生活的侵蚀诱惑，应时刻保持清醒，多想一想人的一生到底是为什么，靠什么才能实现自身真正的价值，怎样做才能不负青春韶华。如果对这些问题有一个明确的答案，那么意味着自己对价值和伦理的内涵有了深刻的感悟，并能在社会发展的洪流中锻造个人道德的品性。

4.2.2 工程活动中的价值观和伦理观

伦理观的核心要素是"善"，而"善"恰恰又是价值观的重要内容。价值观中包含着深刻的伦理问题，反过来，伦理观中也时时显现着个体的价值观（图4-1）。价值观的偏颇，必然会引发违反道德

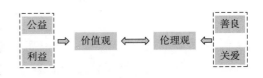

图4-1 价值观与伦理观

伦常的事件。工程活动中，当一味追求经济利益时，往往会将人伦纲常置于脑后，甚至丧尽天良也并不鲜见。

人类生活的世界，是一个工程的世界。为了谋求生存发展的资源，为了追逐理想中的幸福，人们生生不息改造自然，改善环境，用辛勤耕耘获取内心的满足。工程是造福一方的手段，也是获取资源的方法。同时，工程也会毁灭文明，造成伤痛。人类文明进步的历史，实际也是从事工程活动特别是进行工程创造的历史。在这个过程中，人们享受着工程带来的福祉，也承受着工程引发的灾难。战争破坏、工业污染、生态危机、地质灾害，这些给人类带来伤痛的悲剧事件，工程常常是始作俑者。前面讲过，在工程活动过程中，时时处处都存在风险，风险的大小与工程本身的规模、涉及的领域、实施条件等有关，但更重要的是人的责任意识，是从决策者、管理者到工程技术施工人员内心所应有的道德修养品性。凡是人为因素造成的工程风险，必定与道德的价值观有关，这实际上就是工程活动中的价值观和伦理观的问题。如何看待工程中的价值？如何处理工程中的伦理关系？不同的回答产生的后果有天壤之别。市场经济环境中，利益至上的思潮普遍存在，对待工程，往往也是首先考虑是否有赚头。人们习惯于在心中盘算，一个工程项目做下来，会为自己带来多大的利益？对私利过分看重的同时，也就将责任置之脑后或放在次要位置，而责任正是价值观和伦理观的核心，工程项目的策划实施尤其如此。

2021年1月20日，山东省栖霞市笏山金矿在施工过程中发生爆炸事故，深井中22名员工被困，经过艰难救援，11人获救。事故造成10人死亡，1人失踪，直接经济损失近7000万元。事故原因是井口违规动火作业导致井下违规存放的雷管、导火索、炸药引燃并发生爆炸。伤痛尚未平复，时隔仅一个月，山东招远曹家洼金矿再次发生火灾事故，致使6名员工遇难。事故原因是违规焊接作业。违规生产、管理混乱、事故瞒报，这些让工程事故风险剧增、伤亡惨重的行为，凸显了企业责任人和政府官员贪图私利、漠视生命的卑劣人性，实际上也是在工程活动中责任意识淡薄，价值观和伦理观在心中的位置严重错位的典型表现。

工程讲求品质，社会生活和人的自身品质也非常重要。工程的品质和社会生活品质以及人的品质是相通和相辅相成的，是与价值观和伦理观密不可分的。所谓高品质，对于商品来说就是高质量。工程的作用对象除了商品之外，还包括许多未进入市场的公益产品。凡是工程建造的物品，人们在使用过程中的品质感受，决定了工程本身的形象和品质，其中深刻蕴含了工程活动中的价值观和伦理观。高品质的工程，能够突出地显示出社会的良知。工程技术、管理和施工人员的价值观和伦理观是决定工程品质的首要因素。一个人如果心术不正，其行为必然会有违社会公德。所谓心术不正，究其根本也是价值观和伦理观存在问题。在工程活动中，如果承担岗位职责的工程人员一门心思地谋求私利，或者缺乏责任心，经常麻痹大意，这表现的实际就是工程人员没有树立正确的价值观和伦理观，工程风险就会大大增加，工程品质就会大打折扣。现实社会中，尤其是市场经济环境下，由此造成的工程责任事故不胜枚举。将人自身品质的塑造与社会生活品质和工程产品及服务的品质紧紧联系起来，这是工程给社会民众带来福祉的迫切需要，也是构筑社会物质文明和精神文明的迫切需要。

高端的品质会形成高端的品牌，中国高铁十多年的发展成就，打造了国家技术进步的一个高端品牌，有力提升了社会生活的品质，是国家富强、民族复兴的一张亮丽名片。在为社会带来高品质生活的同时，中国高铁也印证了奋发图强的价值观和济世天下的伦理观是工程造福人类的根本认识。从价值观和伦理观的角度去探求工程的品质，去体会工程的家国情怀，去发掘蕴含在工程中的进取精神和务实态度，对人的心志成长和成熟益处良多，特别是对培养人的高尚情操，强化内心的道德自律意识具有重要意义。

4.2.3 社会主义核心价值观的工程体现

社会主义核心价值观是社会主义核心价值体系的内核，体现出社会主义核心价值体系的根本性质和基本特征，反映了社会主义核心价值体系的丰富内涵和实践要求，是社会主义核心价值体系的高度凝练和集中表达。践行社会主义核心价值观是每一个公民在社会生活中应尽的义务和责任。从社会主义核心价值观的社会、国家、公民三个层面，通过思考和分析，我们会站在工程的角度理解社会主义核心价值观对于人身心发展的重要意义。在社会层面上，社会主义核心价值观的表述是：自由、平等、公正、法治。社会是人与环境形成的关系总和。工程是一个复杂的系统，涉及人、财、物、管理等多种要素。工程活动与价值观和伦理观是密切相关的（图4-2）。由工程设计、施工、管理等工作岗位的相关

图4-2 工程中的价值观与伦理观

人员构成的集体，称为"工程共同体"。一些大型的工程项目其工程共同体俨然就是一个小型社会。比如三峡工程，在15年的建设过程中，算上100多万人口的移民安置工作，涉及技术、标准、施工、生态、政策、法规等方方面面的事务浩大繁杂，参与工程建设的人员遍布工程职业的各个领域，由此形成的工程共同体规模庞大，称为特定时间和条件下的一个社会并不为过。此外，许多大型国有企业动辄十几万、几十万相关人员也构成了一个庞大的社会系统，除了工业生产要素外，社会生活不可或缺的教育、医疗、商贸等都有所涉及。在这样的共同体中，自由、平等、公正、法治的价值观对于人们之间的关爱互助、幸福安康是极其重要的。在工程共同体的社会系统中，无论是工作还是生活，集思广益、各抒己见、团结协作、遵章守法等，都是社会层面社会主义核心价值观的具体表现。

在国家层面上，社会主义核心价值观的表述是：富强、民主、文明、和谐。这是我国全面建设社会主义现代化国家的目标，也是从国家和民族的价值目标层面对社会主义核心价值观基本理念的凝练。国家的富强最突出的体现是工业技术的发展水平，是工程手段的先进程度。党的十八大以来，在"坚定不移贯彻创新、协调、绿色、开放、共享的新发展理念"指导下，在高质量发展的目标统筹下，我国在工程建设领域取得了举世瞩目的建设成就，高铁、飞机、港珠澳大桥、北斗卫星、航天技术、深海探测……一系列让国人引以为豪、代表国家兴旺、民族复兴的工程，擘画出中国梦的宏伟蓝图。工程的发展，深刻而广泛地体现了国家的富强，而国家的富强是民主、文明、和谐的基础。任何一种社会形态，任何一个历史阶段，如果国家民不聊生，又何谈民主、文明、和谐？自新中国成立以来，经历了一穷二白、运动折腾、改革开放、转型升级的发展过程，其中工业技术的发展是一条主线。由穷到富，由富变强，探索奋斗的汗水凝结其中，曲折坎坷的前行道路发人深思。伴随小康社会的

全面建成，国家民主、文明、和谐的风尚也日渐浓郁，人们享受着工业文明、生态文明特别是二者的深度交融带来的获得感和幸福感，体验着信息技术为生活增添的便捷、新奇和快乐，其乐融融、关爱呵护的和谐氛围已经成为民族复兴的民生保障。

在公民层面上，社会主义核心价值观的表述是：爱国、敬业、诚信、友善。这是每一个公民在社会生活和工作岗位上应该养成的精神品质和道德情操。爱国是无条件的。尽管如此，国家的强大富裕、爱民为民，仍会激发公民强烈的爱国热情，并在爱国热情引导下，爱岗敬业、诚信友善，把自身的成长发展融入祖国建设、人民幸福的事业中。工程技术和管理施工人员是最大的社会公众群体，他们对国家民族的幸福安康具有不可替代的作用。在工程的职业岗位上，爱国、敬业、诚信、友善显得尤其重要，因为这些高尚的品质是每一名工程人员道德伦理意识的充分体现，是对他人、对社会高度负责的精神和态度。唯有在工程岗位上秉持公民的社会主义核心价值观，才能恪尽职守，在工作中把公众的健康福祉放在首位，出色完成岗位上的工作任务。

社会主义核心价值观是当代中国全社会应该遵循的道德伦理规范。大学生在思想素质养成过程中，应该时时刻刻理解和把握社会主义核心价值观，用社会主义核心价值观指导自己的行为，只有这样，才能在民族复兴的征途中，放飞自我，实现价值。同时，应该多思考一下工程，特别是学习工程专业的同学，应该深刻认识到工程的理论和实践对于树立社会主义核心价值观的重要性，从而能够自觉抵制不良社会风气，让自我高尚起来，纯粹起来，让心灵得到净化，精神得到升华。

4.3 工程的利益价值观

利益与价值观的联系需要每个人深入思考。在人的生存发展过程中，少不了对利益的需求，正当的利益是通过努力付出获得的，是社会进步的不竭动力。在工程活动中，如果不背离工程建设的初衷，也就是为民众、为社会创造福祉，获取一定的利益是理所应当的，也是工程相关人员追求自身价值实现的必要途径。然而，现实与人们的美好愿望并不总是相符的，有时差异还是很大的。围绕着对待利益的不同态度，人们的价值观往往千差万别。认识经济生活中的利益，思考市场经济环境下的价值观，对于人的精神境界的提升，对于社会清新风尚的形成，都具有十分重要的现实意义。利益价值观问题在当今市场经济环境中具有极强的针对性和现实性。对利益的占有和争夺，是人类社会自产生商品交换开始就存在的社会现象。时至今日，这种现象仍然存在。探讨利益价值观，就是希望人们更加理性、人性地看待利益获取的问题，将利益获取建立在和睦相处的基础上，如同"一带一路"倡导的"利益共同体"。工程的利益价值观是向世人明确，工程的核心利益到底应该落脚何处？是以造福社会、服务民众为中心，还是让工程成为获得一己之利的淘金地？

4.3.1 正确看待利益

"利益"是一个于公于私都能让人浮想联翩的词，其中包含着丰富的哲理、情感、理智、冲动等。如何看待利益的问题，无论是对国家、社会，还是对公民个人，都具有极强的现实意义。丘吉尔说："世界上没有永远的朋友，也没有永远的敌人，只有永远的利益。"从中我们可以体会利益隐喻的各种含义。国家利益高于一切，这是爱国主义的崇高境界，也是每个人应该恪守的道德准则。维护正当权益，无论是国家还是公民，都是一种责任义务，也是尊严的体现。反过来，面对各种利益诱惑，纵容私欲，贪婪无度，不顾道德伦常去获取私利，不惜损害国家和他人利益去满足个人私欲，这些都是人性阴暗面的表现，为社会道德和法律所不容。

利益是满足人们生活需求，能够为人们带来幸福感和愉悦感的一切物质和精神。从利益满足需求的属性着眼，很容易感觉到，利益承载着人们的希望，也夹带着人们的贪婪。古往今来，人类社会无论是辉煌灿烂的文明创造，还是烧杀抢掠的卑鄙行径，都是利益导向的结果。人性善恶的根本，在于对利益的认识，如果说人性本来是善的，实际是在表达人生来内心世界本是纯净的。当不知利益为何物，没有争得利益的意念时，纯朴善良就成了人的本性。生活在远离尘世的偏僻乡村和生活在喧嚣热闹的繁华都市，心的安静与浮躁，是利益影响人性的对比写照。可以说，从原始部落时期开始，当人们有了为生存而攫取资源的意念和行为时，利益纷争也就存在了。在对利益的向往和追逐中，人类社会的善恶美丑、爱恨情仇交织出风云变幻的大千世界。人们常讲，生财有道，实际是在表达用恰当方式追求美好生活的愿望。社会文明进步的主流，是在爱心主导下，秉持创造、付出、奉献的理念，在辛勤劳作中获取表明自身价值的利益。只有这样，人们才能生活在其乐融融的和谐社会。人们又说，人不为己天诛地灭，人为财死鸟为食亡。这种对待利益的态度，是天底下产生罪恶的根源。人是有动物本性的，当人的思想和行为以动物本性为主导时，自私、贪婪就会横行于世，道德伦常就会形同虚设。由此可见，如何看待利益，也就是一个人在成长过程中形成的对利益的认识，这对于其心志的养成至关重要。

我们要从辩证的角度看待利益。应该深刻地认识到利益是一把双刃剑，它既能给人们带来幸福和快乐，也能扼杀人性，让人在贪婪中走向毁灭。在对利益的认识过程中，运用辩证的方法是必要的，不仅要看到利益的主观创造性和客观存在性，而且必须对利益有可能带来的欲望膨胀，并由此产生的危险和罪恶有清醒的认识。辩证唯物主义告诉我们，任何事物都是作为矛盾统一体而存在的，矛盾是事物发展的源泉和动力。利益也是这样，只有深入地认识利益的两面性，才能增强自身的辨识和抵御能力，促进自我成长成才。

我们要从历史的角度看待利益。鉴古知今，人类文明进步的历史，有创造和奉献，也有享乐和掠夺。伴随生产力的不断发展，伴随人们生活所需的物质资源不断丰富，为了获取更大的利益，人与人之间，国家之间，民族之间，纷争杀伐，斗智斗勇，正义与邪恶的对峙给这个世界带来了无尽的痛苦与欢欣。唯物史观阐明的生产力和生产关系、经济基础和上层建筑之间的相互作用，离不开人世间各种利益的交织和博弈。往事如烟，纷繁复杂，用历史观去审视利益，对于荡涤心灵，增强修养，涵养心性，追求美好都具有十分重要的现实意义。

我们要从理性的角度看待利益。理性的东西，都是通过思考，经过逻辑思维得到的东西。理性也就是理智，相对感性而言，理性是人类大脑活动的高级阶段。一般的感性活动，对事物的认识属于浅尝辄止，而理性活动更能显示心智的成熟。凡事不计后果，冲动而行，逞一时之能，往往都是非理性的。对待利益也是这样，需要用理性去辨识利益中的是与非，去克制利益获取的真与假。理性对于把握利益的度非常重要，无度就会不择手段，贪欲之心，觊觎之心，害人之心，皆源自对利益的无度攫取之心。理性不仅仅是思维层面上的逻辑严谨，更重要的是明事理，知道该做什么不该做什么，清楚该怎样做不该怎样做。

我们要从道德的角度看待利益。从道德的角度去认识利益的问题，是内心世界追求人性善的根本所在。如果一个人利欲熏心，其心中的道德自律意识就会淡薄，更谈不上为了他人，服务社会，就极有可能做出有违人伦纲常之事。世间无良知、丧天良的事，皆源于不道德的利益攫取。利益的内涵中包含着深刻的道德问题，怎样获取利益？获取多少利益？什么样的利益丝毫不能沾？什么样的利益需要奋不顾身地去维护？这些问题均由道德左右。从道德的角度看待利益，也蕴含着辩证、历史、理性地把握利益的内容，是方向性的问题。当获取利益的机会到来时，面对诱惑，首先应该分清是道德还是不道德，这关系到一个人是心灵高尚还是心灵龌龊，也是在经历考验后让心灵走向崇高的路径。

4.3.2 利益与目标的权衡

凡事都有目标，利益与目标是密切相关的，很多时候利益本身就是目标。但是，我们应该清醒地认识到，将利益确定为目标而不做合理性的说明，时常是存在危险的。所谓合理性的说明，实则就是对利益取向的深刻认识。是个人私利还是公众福利，是满足欲望的蝇头小利，还是公而无私的"社会大利"。事实上，在人类历史长河中，因利益争执而破坏公平、损毁文明的事例数不胜数。将利益视为唯一目标，不择手段，不惜代价，不顾伦常，无度攫取，置良心正义于不顾，由此滋生的人间罪恶不胜枚举。起源于生存需求的利益追逐，既是人类迈向幸福的路径和手段，也是滋生人间污浊，形成社会阴暗的始作俑者。历史上的每一次战争，都以利益获取为终极目标；社会发展中的各种灾难，都与贪婪的私欲难脱干系；人性主导下的无数行为，都显示着善与恶的博弈和对峙。然而，当把利益的宗旨建立在为他人、为社会带来福祉和快乐时，人性的高尚就会显示出强大的力量。历史长河浩荡向前，社会进步不可阻挡，靠的就是这种高尚。无论是科学探索者、发明创造者，还是血染沙场、奉献社会的英雄，抑或是锐意进取、矢志改革的仁人志士，在他们心中，利益就是大义，是为大众谋求幸福快乐的不竭动力。此时，利益和目标共同指向了人间的大善与大爱。

权衡利益与目标，其根本目的在于让利益与目标指向公平正义，增强人们内心价值观取向的辨识能力和道德自律意识。人类自起源开始，正义与邪恶的较量就从未停止过，其中对利益和目标的认识与抉择考量着人性的善恶，也是正义与否的根本判断。在新民主主义革命和社会主义建设中，无数英烈为了追求民族的自由、解放、幸福，面对生死，毫不畏惧，鞠躬尽瘁，死而后已，表现出的英雄气概和大义凛然，是对利益和目标内涵的最好诠释。恽代英的《狱中诗》表达的就是这样一种高尚情怀："浪迹江湖忆旧游，故人生死各千秋。已摈忧患寻常事，留得豪情作楚囚。"焦裕禄拖着病弱的身躯，为了造福一方，改变兰考的贫穷落后面貌，奔波在灾荒不断的这片土地，身体力行铸就"亲民爱民、艰苦奋斗、科学求实、迎难而上、无私奉献"的精神，何尝不是崇高利益观的典范！现实生活中，正确看待利益，追求公道目标，应该成为每一个人修身养性、涵养情操的信条和理念，特别是对于青年学子，面对市场经济环境中各种物质利益的诱惑，必须恪守关爱奉献的诺言，把民族复兴大义放在首位，不断在学习实践中增强本领，为祖国建设事业打好基础。

工程的本质是建造实物，故而工程中的利益和目标问题十分突出。在现实生活中，大量的企业和个人热衷于承揽工程项目，主要是受利益驱动，期盼在工程实施中能够赚得盆满钵满。工程活动也是经济活动，正常获取利润理所应当，问题是在工程的策划实施过程中，能不能恪守良知、遵章守法？这是决定工程目标走向的关键因素。将经济利益作为工程的主要目标甚至唯一目标，就有可能泯灭人性，置道德伦理于脑后，不计后果、不择手段地捞取私利，从而造成工程隐患、发生工程事故。古往今来，大大小小的工程责任事故无一不包含着带血的利益链条。针对工程项目的实施，权衡其中的利益和目标，是职业责任的体现，更是伦理责任的彰显，其中蕴含的价值观取向突出且深刻。必须牢牢记住，工程的目标是造福人类，把这一目标贯彻到工程过程的每一个细节，才能守住欲望的底线，才能让利益成为构建民心工程的动力。

4.3.3　工程活动中的利益获取

当建设者将工程的目标全部放在利益的获取上，而不是其服务功能的完美实现上，这时工程的利益价值观就出现了大的偏差，由此可能引发严重的社会矛盾。

价值观并不排斥金钱和物质利益，毕竟人的生存发展都离不开物质。关键是一个人看待这个世界，除了物质利益之外还有什么？或者在物质利益中还能感悟出什么？工程的目标是建构人和社会需求的有形物。这种需求使建构的有形物必然会存在价值，价值也自然会产生利益。因此需求是价值的本源。工程的组织管理机构是企业，而"企业"的含义是"以盈利为目的，运用各种生产要素（土地、劳动力、资本、技术和企业家才能等），向市场提供商品或服务，实行自主经营、自负盈亏、独立核算的法人或其他社会经济组织"。从中自然可以理解，工程的经济目标是产生利润，也就是物质利益。工程的价值观直接指向利益是必然的，它是人生存、社会发展的基本动力，我们不能要求企业不挣钱而去实施工程。恰恰相反，企业应该在法律的框架内调动多方面因素获取尽可能大的利益，以增添企业活力，为社会提供最优服务。老子讲的"道法自然"运用在经济运行和工程活动中，也提示人们，万事都有"道"，对利益的攫取必须有度，必须遵循客观经济规律，必须将法律意识和服务宗旨时刻放在前头，树立正确的工程利益价值观。

另外，正确的工程利益价值观也必然会为企业带来利益。经济规律是在长期经济实践中形成的，法律是在人伦规范和无数教训下确立的，它们都是企业正常运营、赚取利润的有利保证。在正确的工程利益价值观的引导下，按经济规律办事，企业就会得到正常的利润，实现可持续发展。工程建设特别强调科学规律，涉及工程的每一个要素其存在的价值都是保证工程按标准顺利实施。在不规范不平衡的社会中，一些人不顾道德底线，投机心态广泛存在，为获取利益而不择手段。这时的利益价值观就转向了负面的危险境地，对工程而言尤其危险。工程的安全质量得不到保证，服务功能得不到发挥，守法经营赚不到钱，歪门邪道大发其财。一旦工程利益价值观发生扭曲，就会造成社会混乱和人心涣散。

4.4　工程的公益价值观

　　公益价值观是面向社会大众群体的价值观念，特别是面向弱势群体的价值观念。社会的慈善事业，政府的福利计划，都是公益价值观引导的结果。从工程造福人类的目标看，工程的公益价值观属性十分明显。也就是说，任何工程活动，包含民生福祉的内容是必然的。涉及医疗、教育、扶贫等领域的工程，其突出的公益性显而易见，也就是说，在这些领域，工程建设的直接目标即是改善民生。对于从事工程职业的人员来说，进行必要的公益价值观引导教育，对于其恪尽职守、奉公守法具有极强的现实意义。生活在工程的世界，享受着工程带来的便捷，无论如何，我们都应该意识到，公益是实现社会和谐，促进公平正义的基石，从而在内心树立起服务他人、奉献社会的意念和精神。

4.4.1　公益与社会关爱

　　公益的核心是社会关爱，它为社会带来的是道德的价值。社会最具有公益价值的机构就是学校和医院（图4-3）。通过公益行为的过程去教育人、引导人、净化人，这是文明进步的社会的主流价值观取向。公益价值观即人看待事物存在价值的公益导向问题，它是社会价值观努力和追求的方向，它引导人们用利他的精神境界充实内心、淡泊名利、追求奉献、迈向文明。一个成熟的社会，一个有向心力、凝聚力的社会，一个文明程度高的社会，应该是一个公益满满的社会。

图4-3　社会公益事业

　　有一篇网络文章，阐明了一个国家、一个社会的文明与发达，并不完全取决于经济的富裕程度，而是取决于三个方面：为弱者付出，为细节付出，为未来付出。

　　为弱者付出意味着爱心，国家和社会爱心满满，人民群众才会其乐融融。正如决定一个水桶容量的，不是长板而是短板；评价国家和社会的发达程度，判断标准不是强者的高度，而是弱者的地位。在许多发达国家的公共场所，配备有完善的残疾人设施就是一个明显的例子。为弱者付出，这首先体现在成本与收益完全不成比例的金钱付出，这是社会强者在为弱者无条件地买单。反之，过度追求金钱效益，在许多情形下弱者反而要为强者买单，则是社会落后和野蛮的象征。而为弱者付出则意味着整个社会的精神升华和道德高尚，当整个社会出现大量愿意不计成本服务弱者的社会公益群体和行为时，这个国家毫无疑问是发达的。

为细节付出意味着品质。产品的优良品质，人们的优秀品质，是社会实现幸福感的突出标志。在许多发达国家，我们会感受到这种品质，以及由这种品质形成的和谐宽松的社会氛围。高楼大厦也许很多，鲜艳掌声或许不少，然而在繁华之中的物品粗糙、行为粗俗、垃圾遍地、言语不雅，看似无关大局，却难以让人心情愉悦。如果这样的问题多了，社会也就难以说是发达的。为细节付出，并不意味着锱铢必较，也不是缺乏宽容大度，实际这是社会公益的表现，让人从中也能感受到社会关爱。无论是拿到赏心悦目、功能完善的精致产品，还是与诚实守信、乐于助人的人打交道，都会让心中充满温暖。社会的和谐、清新也蔚然成风。

为未来付出意味着希望。没有希望何谈幸福，社会也就难说和谐。社会公益与发展希望是紧密相连的。希望工程、扶贫工程都寄托着无比的希望。期盼幸福，期盼成长，期盼美满，期盼收获……所有的期盼，都是事业发展的动力，都在呼唤着社会要为未来付出。为未来付出就不能短视，所有看似没有经济理性的行为，实则都是为未来付出。如果只斤斤计较眼前的经济利益，只愿意为廉价的服务和商品买单，不愿意为未来做长远规划和投资，那么这个国家就很难从"跟随发展"的发展中国家升级成"引领发展"的发达国家。

4.4.2 公益价值观在市场经济中的重要性和紧迫性

当今的市场经济环境，利益至上的思潮充斥在社会各个角落，逐利心态、攀比心态、炫耀心态广为流行，崇尚暴富、贪图享受成为社会的普遍现象。信息技术的高度发达，在给人们生活带来便捷的同时，也催生了诸如电信诈骗、套路贷等丑恶行为。虚拟的网络空间，或优良或劣质的海量信息，无处不在的广告诱惑，不断在加剧着人们内心的浮躁。利益至上，也就意味着公益缺失，由追逐利益导致的私欲膨胀时时引发各种社会矛盾。医患纠纷，拆迁纠纷，城管摊贩纠纷，雇主员工纠纷……频频出现的纠纷冲突事件让人忧心忡忡。这些源于利益争执的社会矛盾深深影响着公平正义和社会和谐。由此可见，公益对人们的社会生活多么重要。事实上，任何一个国家在发展过程中，优先投入公益事业是必然的，因为只有公益事业的充分发展，社会机制才会健全，社会才会稳定，关爱友善才会在社会中蔚然成风，人们对美好生活的向往才会实现。然而为大众所渴望的公益随着市场的貌似繁荣，随着物质生活水平的不断提高，却让人越发感觉渐行渐远。公益缺失让社会变得冷漠，使人与人之间变得不信任，为不良行为的蔓延推波助澜，从根本上来说，在公益缺失的环境中，人的价值观取向必然会背离社会文明进步的要求。

由此可见，面对公益缺失的严峻社会现实，公益价值观的重塑在当前市场经济环境中的重要性不言而喻，用迫在眉睫形容也毫不为过。公益思想、公益行为以利他为基础，以为大众谋求福祉为追求，倡导社会关爱，推崇奉献精神，是千百年来人们翘首以盼、孜孜以求，无数先哲和英烈为之呕心沥血、披肝沥胆的社会蓝图。树立公益价值观，就是要塑造公而忘私的精神品质，营造崇德向善的社会氛围，形成清新向上的和谐之风。为此，整个社会任重道远。青年学子在学习中，应该不断增强辨识善恶美丑的能力，深刻认识利益与公益的内涵，树立正确的价值观。面对市场经济环境中追逐物质利益的种种怪象，要用自立自强的精神和态度充实自我，自觉抵制奢靡之风，做一个勤于耕耘、甘于奉献的新时代弄潮儿。

4.4.3 工程活动中的公益价值观导向

工程的目标首先是服务社会和造福民众，这是工程的公益价值。立足于此，所有工程都包含着利益与公益的双重内涵，实际也是一对辩证统一的矛盾。问题是，哪一方占主导？当公益优先时，工程的实施运行有可能是不计成本的。为弱者付出，为未来付出，是一个国家发展理念、文明程度的显著标志，也是公益价值观的重要体现。在大量的社会工程活动中，政府主导的道路、桥梁等公共基础设施工程、涉及国计民生的大型建设工程都是以公益为主体的；在社会实践的各个领域，教育和医疗是最能体现公益的行业，或者说其行业的本源就是公益。涉及教育、医疗的工程建设项目应该根植于公益价值观去策划、构思并实施。在产业工程领域，为老人和儿童研发生产的产品、体现社会服务关爱的产品都应该在公益价值观引导下去发展和提高。希望工程是一个公益概念，其中也包含了许多学校建设的实际工程项目。这样的工程都是在公益价值观引领下的社会公益项目。社会是由人的个体组成的，社会的价值观是由每个人的价值观聚合而成的。人的一生是在"工程物"的环境和社会思想的环境中度过的。如果充满关爱的"工程物"、工程行为、工程的公益价值观普遍存在，那么人的心智、品质就更容易得到锤炼，关爱他人、奉献社会的价值观就更容易形成、固化。

然而在现实中，在经济发展的潮流中，情况并不乐观，而且使人心痛。经济在带给社会繁荣、人们生活水平提高的同时，也在扼杀着人们对公益的渴求。许多本该公益的事物并不公益，市场仿佛把人世间的一切都归于利益。伴随公益的缺失，社会变得冷漠，价值观出现偏颇，偶有所见的公益行为在利益追逐的洪流中显得微不足道。工程也是这样。在利益核心的主导下，工程偏离了公益价值观的轨道，以获取最大利益为根本，弄虚作假，偷工减料，降低标准，利益驱使无所不及。

工程的公益价值观是工程的基础和前提。突破了这个底线，意味着潜在的灾难。公益价值观的形成是一个系统工程。国家层面的道德和法治建设，社会层面的宣传与教育引导，个人层面的品性与素质磨炼，都应该共同指向公益，指向公益价值观的形成与巩固。工程的公益价值观和利益价值观之间存在矛盾。这种矛盾表现在所追求的东西其长远性和短视性之间的对立，物质需求和精神需求之间的取舍。由于两种价值观之间存在利益方面的交叉，因此公与私的矛盾只能通过理性和宽容去化解或减少。事实上，工程的公益价值观本身就是趋于理性的，它是外因和内因共同作用于个体形成的价值观念，为社会所倡导和追求。

分析思考题

1. 什么是价值与价值观？价值观与伦理观的相互关系是怎样的？

2. 在工程活动中，常有不顾伦常的逐利行为。请举一个例子，简述工程活动中获取利益和工程造福社会之间的平衡因素。

3. 如何理解利益价值观与公益价值观？为什么说所有的社会矛盾都来源于社会公益的缺失？

4. 下面是媒体报道的一段文字：

脊髓灰质炎，又称为"小儿麻痹症"，是一种由病毒引起的急性传染病。年轻一代对这个病已经相当陌生了，但在那个时候，中国每年报告的脊髓灰质炎病例有2万～4.3万例，每个数字背后都有一个被拖垮的家庭。没错，脊髓灰质炎曾经是人类的噩梦，严重危害儿童健康，重则致命，轻则瘫痪。现在我们很少听说谁得了脊髓灰质炎，不是这个病自然消失了，而是经过漫长的医学探索、与病毒斗争最终胜利的结果。电视剧《理想照耀中国——希望的"方舟"》，讲的就是科学家顾方舟带领中国病毒学家团队、在艰苦的条件下研发出脊髓灰质炎疫苗的故事。除了顾方舟亲自试药外，他还让自己的孩子成了第一个试验对象。顾方舟让自己年仅1岁的儿子试药时，妻子李以莞正在外地出差，根本就不知情。多年以后，顾方舟之子顾烈东回忆说："现在想起来有点后怕，但我还是非常理解父亲，在做这个决定之前，我估计他思想斗争也很激烈。"包括顾烈东在内，当时一共有五六个孩子都参加了这次试验，他们都是顾方舟团队成员的孩子。这一试验在脊髓灰质炎流行的6月份进行，1个月后，孩子们没有出现任何不良反应。

对比本章的引导案例"长春长生生物科技责任有限公司疫苗事件"，分析工程价值观对人的品性和社会文明的重要引导意义。

第五章　工程师的职业素养

知识要点
- 了解素养和职业素养
- 理解工程师应遵守的工程伦理原则
- 把握工程师的伦理责任
- 理解工程师的职业精神和伦理规范

【引导案例】凤凰县沱江大桥垮塌事故

2007年8月13日16时45分许，湖南省湘西自治州凤凰县沱江大桥发生坍塌事故，造成人员严重伤亡。共有41人遇难，22人受伤（其中危重2人、重伤1人）。大桥坍塌损坏了桥下通过的取水管道，从8月14日早晨开始，凤凰县自来水厂在县城范围内停水，居民及游客用水困难。湘西外宣办官员证实，一个多月前，第三个桥墩发生下沉现象，加固以后继续施工。

事后查明，施工、建设单位严重违反桥梁建设的法规标准、现场管理混乱、盲目赶工期，监理单位、质量监督部门严重失职，勘察设计单位服务和设计交底不到位；湘西自治州和凤凰县两级政府及湖南省交通厅、公路局等有关部门监管不力，致使大桥主拱圈砌筑材料未满足规范和设计要求，拱桥上部构造施工工序不合理，主拱圈砌筑质量差，降低了拱圈砌体的整体性和强度。随着拱上施工荷载的不断增加，造成1号孔主拱圈靠近0号桥台一侧3~4米宽范围内，砌体强度达到破坏极限而坍塌，受连拱效应影响，整座大桥迅速坍塌（图5-1）。

图5-1　沱江大桥坍塌

5.1　素养和职业素养

工程职业涉及社会生活的方方面面，与人们生活的幸福安康密切相关。工程师从事的职业工作不外乎设计、工艺、管理，无论哪方面的工作，素养都非常重要，不注重职业素养的锤炼，要想取得成绩，实现自己的职业目标都是不现实的。而且不具备基本的职业素养，会无形中增添职业岗位的风险。

5.1.1 素养的概念

素养，又称素质。"素养"一词中的"养"是"养成"的含义。一个人从出生开始就在养成，包括个性、品行、修养、学识、习惯、意识、礼仪等，都是养成的结果。"养成"是一个指向"后天"而非"天生"的概念，它是指人的品行通过后天主观努力或接受影响而形成的。很多人相信天赋，认为人内心的很多东西是与生俱来的。以柏拉图为代表的西方客观唯心主义先验论主张："人的一切知识都是由天赋而来，它以潜在的方式存在于人的灵魂之中，因此知识不是对世界物质的感受，而是对理念世界的回忆"。英国唯物主义经验论的创始者洛克认为："人只要利用自己自然的才能，而不用任何天赋印象的帮助，就可以得到已有的所有知识；同时，不用任何原来的意念或原则，就可以达到知识的确实性。"可以看出，他们的思想是对立的，但这种对立并不影响他们对人类认识活动的进步所起的作用。柏拉图用他的思想开展教育，发展学生的思维，让他们在回忆"理念世界"中获取知识，而洛克以他的经验论为基础传播物质世界的知识和道理。

为了阐述思维与素养的基本心理学思想，帕金斯、杰伊和蒂什曼（Perkins，Jay，Tishman）提出"思维素养三元概念"。他们给出了引发人的素养行为发生的三个逻辑上不可缺少的心理学成分：①敏感性（sensitivity）——对特定行为的适当感知；②倾向（inclination）——有做出某个行为的冲动；③能力（ability）——做出特定行为的基本能力。举个例子，一个能真正在争论中找到平衡原因的人往往是：①对这么做的环境场景很敏感（如在阅读报纸社论时）；②感觉受到鼓舞，或倾向于这么做；③做出特定行为的基本能力，如实际上这个人对争议正、反双方的主张都有认识。

马克思主义认识论是以实践为首要和基本观点的，认为人为生存发展所进行的实践活动在人的认识能力形成并不断提升过程中发挥着决定性作用，实践是认识产生的根本原因。人的素质是建立在认识基础上的。因此，站在马克思唯物主义的角度看，素质包含的所有内容都来自实践活动。大家可能会有疑问，人的很多品行习惯来自潜移默化，与实践相关吗？稍深入思考一下就会清楚，所谓"潜移默化"尽管是被动接受，但也离不开传授者的实践指导，即使是思想内容，也必定包含着实践案例。而且接受者也必须经过反复的模仿实践，才能将内容固化于身心。再比如，涵养是每个人素质的重要体现，它直接表现为人控制自己情绪的能力，实际也表现了一个人的自身修养。涵养是人的思维达到善于高度理性化思考处理问题时形成的，它是在实践中积累的知识、经验、道德、法治观念等的综合体现。

不可否认，现实中评价人常用的"天资聪颖""极具天分""智商超群"等词汇所表现出的对人天生个性的认可，确实显示了人在某些方面存在先天的特质。但从唯物论的角度看，人的"天资""智商"等无一不是基因继承、遗传的结果，或者说是生物体构成延续了机能强大的一面。即便天生聪慧，如果没有成长环境的养分，要想成为一个高素质的人，也无异于缘木求鱼。我们经常听到"这孩子特别聪明，就是没用对路"这样的说辞，这实际就是一个后天引导的问题。环境对于个体品性的形成是至关重要的，肥沃的土壤和优良的物种，缺一不可。家庭环境、社会环境，学习氛围、工作氛围都像土壤一样，对素质的养成时时刻刻发挥着作用。社会从古至今大量存在的"世家"现象也说明在良好基因的基础上，还必须要有一个适合形成个性、态度、精神、方法、认识等素养内涵的优势环境。素养表现在个人身上是无形的，是看不到摸不着的；同时又是"有形"的，它能直观地表现在人的外观气质上，能使人昂然挺立，神清气爽。素养使人高雅，大气；素质使社会文明，和谐。所以，对素养的追求，是人与社会的共同向往。

5.1.2 职业素养的概念

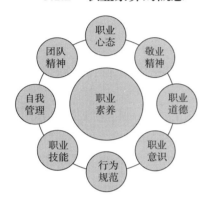

图5-2 职业素养的内容

职业素养（Professional Quality）是从业者对社会职业了解与适应能力的一种综合体现，其主要表现在知识水平、职业兴趣、专业能力、个性品质等方面。职业素养是通过环境影响和教育而获得的，是在人的遗传基础上，通过后天的教育训练和社会环境的影响以及自身的认识和社会实践逐步养成的比较稳定的身心发展的基本品质。涉及人的身心发展，职业素养包含的内容非常广泛，主要关系到精神、道德、心态、规范、能力等方面，如图5-2所示。一个人的职业素养是在长期执业生涯中日积月累形成的。它一旦形成，便具有相对的稳定性。比如，一位教师，经过三年五载的教学生涯，就逐渐形成了怎样备课、怎样讲课、怎样热爱自己的学生、怎样为人师表等一系列教师职业素质，于是，便保持相对的稳定。

职业从业人员在长期的职业活动中，通过职业岗位的锻炼和自己学习、认识及亲身体验，认识到怎样做是正确的，怎样做是错误的。这样，有意识地内化、积淀和升华的这一心理品质，就是职业素养的内在性。职业一般分为脑力劳动和体力劳动两大类，从业者在职业劳动中能够体现出来的价值是由其职业素养决定的。一般而言，从生存发展到奉献社会，职业素养的高低左右着从业者自身能力的发挥和岗位责任的履行（图5-3）。

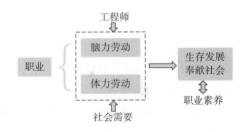

图5-3 职业素养的作用

5.1.3 工程素质与伦理

职业素养体现在工程上又被称为工程素质。现实是以"物的构建"为基础的，社会的繁花似锦是以"物的构建"为基础的，人的思维发展是以"物的构建"为基础的。所以，"物的构建"与人人皆有关，而且关系密切。由此可见，工程素质的养成是与"物的建构"息息相关的。工程素质是从素质所涵盖的全要素中提取出与工程活动相关的涉及人品性的要素，如基于"工程物"的思维，对"工程物"的本质认识，工程活动所涉及的构思、设计、材料、机器、动力等技术要素以及政策、法规、管理、质量、成本、环境、安全、伦理等非技术要素。一个具备良好工程素质的人，不一定对事物的工程要素了解得很全面，也不一定理解得非常深，重要的是有一种思考习惯和对事物工程特性的意识和敏感度。

工程活动是人类的最基本的社会实践活动。从工程活动的内容和环境来看，在进行工程活动的过程中，不可避免地会涉及许多复杂的伦理问题。随着科学技术的发展，目前，人类已经生活在一个工程活动的世界。工程和科学、技术一起，在给人类带来巨大福祉的同时也使人类遇到了许多风险和挑战。工程伦理问题已经成为人类需要正视的重要问题之一。

工程系统汇集了科学、技术、经济、法律、文化、环境等要素（图5-4），其中许多要素与伦理问题是密不可分的，或者说，伦理在工程系统的各要素中发挥着重要的定向、引导和调节作用。在工程活动中存在着许多不同的利益主体和不同的利益集团，诸如工程的投资者、承担者、设计者、管理者和使用者等。伦理学在工程领域必须直接面对和解决的重要问题就是如何公正合理地分配工程活动带来的利益、风险和代价。事实上，伦理问题在整个工程活动过程中都会时时存在，如在设计阶段关于产品的合法性、是否侵权等问题；在签署合同阶段会出现恶意竞争等问题；在产品销售阶段可能存在贿赂、夸大宣传等问题；在产品使用阶段可能存在没有告知用户有关风险的问题。

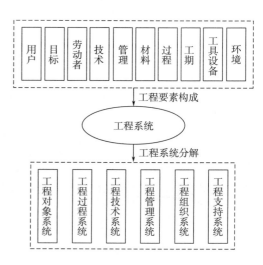

图5-4　工程系统的组成及分解

工程伦理学起源于对技术的批判，对工程师的质疑。所以，工程伦理学既被称为"技术伦理学"，也可被称为"工程师伦理学"。前者主要是针对技术的负面影响和消极作用，其实技术的无论积极还是消极的作用和影响都是在具体的工程活动中得以体现的。后者主要是从工程共同体出发，工程师在工程活动中对于技术设计、改进等方面起着重要作用，同时也面临着利益冲突，是忠诚于雇主还是负责于公众等道德困境。因此结合美国工程伦理学发展经验而言，首先，要加强工程师的职业化进程，制定现实合理的伦理规范，促进工程师伦理制度化发展。其次，要加速工程伦理教育的发展，在工程类院校开设工程伦理方面的相关课程，开展工程伦理培训，提高工程学生的道德敏感性。最后，由于工程的境域性特征，在我国的工程活动中，不仅工程师面临着道德困境，其他工程共同体如管理者共同体、工人共同体、企业家共同体、公众共同体等都要面对多种的道德选择，与工程师的处境有一定相似性。所以在工程伦理学发展过程中，更需要关注其他工程共同体的道德困境。

无数的工程事故如楼房倒塌、桥梁断裂、火车脱轨、煤矿爆燃等引发人们的思考：如果抛开管理方面的责任，在技术层面，在工程质量与安全方面，工程技术人员特别是工程师应该树立怎样的意识与责任？如果说关于科学家对科学的社会后果应负什么责任尚存在很大分歧的话，那么工程师对其工作的社会后果应负责任似乎应该有一致的认识。工程师探索应用知识并把它们付诸实践，他们进行的工作与研究，获得的工程项目的效果是高度清晰的。那么工程师应该怎样对工程的后果负责？

　　事实上，在工程活动中，工程师承担的事故责任是非常有限的。因为，所有工程技术专家的工作在相当大的程度上是受经营者或政府控制，而不是由工程师所支配的。当然工程师对自身工作中由于失职或有意破坏造成的后果应负责任，但对由于无意的疏忽（如产品缺陷）或由于根本没有认识（如地震预报失误）而造成的负面影响分别应该负什么责任？更重要的是，在前一种情况，即大量的工程项目是受经营者或政府控制的情况下，工程师是否有责任，有多大责任？应对谁负责？是对工程本身（桥梁、房屋、汽车等）负责，还是对雇主、对用户乃至对国家、对整个社会负责？如果在工程本身，公众利益、雇主利益以至社会或人类的长期利益之间有冲突，工程师应首先维护谁的利益？

　　伦理责任的含义是指人们要对自己的行为负责，该行为是可以以正义为标准进行解释说明的。相对于法律责任而言，伦理责任具有前瞻性，它是一种以善与恶、正义与非正义、公正与偏私、诚实与虚伪、荣誉与耻辱等作为评判准则的社会责任。工程师必须增强自身的伦理责任意识，勇于承担伦理责任。只有这样，他们才能恪尽职守，在工作中一丝不苟。工程师之所以要承担伦理责任，首先是因为工程师的工作职责事关人类和社会的前途，其次是因为工程师的行为选择。选择和责任是分不开的，选择将工程师带进价值冲突之中，使他们在多种可能性中取舍。传统观点认为，工程师的社会责任是做好本职工作。实际上这种看法是片面的，当代工程技术日新月异赋予了科技工作者前所未有的力量，使他们的行为后果常常难以预测，信息技术、基因工程等工程技术在给人类带来利益的同时还带来了可以预见有时又难以预见的危害甚至灾难，或者给一些人带来利益而给另一些人带来危害。可见在现代社会，工程师的伦理责任的重要性要远远超过业务本身。

5.2　工程师应遵守的工程伦理原则

5.2.1　工程职业描述

　　工程以建构为目的，是有组织的社会实践活动。现代社会从一定意义上讲是一个工程的社会，也就是说，每个人都生活在一个工程的环境中，因为人们生活的方方面面都离不开以"物"为标识的工程活动。个人、家庭、各种社会机构，无论是物质的还是精神的，无论是现实的还是虚拟的，无论是谋求生存还是创造幸福，归根到底都要以实体的物为依托，或者用实体的物作为中介。由此可见，工程对于人类社会来说意义是广泛而深刻的。可以说，任何一个人在其一生中，无时无刻不在受着工程的影响，毫不夸张，离开了工程，人们就会在社会生活中不知所措、寸步难行。从工程存在的普遍性可以体会到，工程在人成长过程中的教育意义是非常显著的。这种教育意义是在人们职业生涯的全过程中或是在人们日常生活的潜移默化中得以体现的，特别是在大量的工程职业中。

　　理解了工程应用的广泛性，也就同时理解了工程职业在社会中的普遍性和多样性。职业就是人们为生存发展所从事的工作。每个人都生活在一定的社会形态中，学习工作、成家立业是人生必定要经历的事情，其中的每一个环节都离不开职业的作用。庞杂的社会系统需要方方面面的服务才能正常运行，人们为了基本的生计也需要投身到这些服务中，由此便产生了大量的社会职业分工，产品生产、商业运营、平台构建、项目策划、文案处理、社会服务……在难以计数的职业种类中，工程职业是涉及面最广、数量最为庞大的职业种类。工程的目标是造物，单从这一点来看，由于物的种类极为繁多，也就意味着生产物的方法不计其数，据此划分的工程领域和工程职业的行业量大且涉及面广。从服务社会的地位和作用看，工程职业可大致分为民生、国防、资源、管理等领域，所有的工程领域都是以装备制造为基础的，如图5-5所示，涵盖了从基础到尖端的所有与建造相关的职业门类。从中也可以更深刻地感受到工程职业的广泛性和对于国家、社会的重要性。

从工程造福人类的角度看，工程职业都是崇高的，具有显著的奉献特征。看着航天员在太空中飘浮的身姿，应该能够感受到工程职业的奉献精神。在工程职业中，无论是设计、工艺还是操作，尽管人们从事这样的职业首先是获取报酬，为了生存，但在实际的工作岗位上所承担的工作任务必然是在促进社会某一方面的文明和进步。工程职业客观上服务社会、增加福祉的功能在现实中能否得以切实体现，最为关键的是从业者在成长的主观过程中形成的个人品性，特别是道德自律意识。在工程职业从业过程中，从业者的品性和道德自律集中体现在其内心的责任意识，这既是工程职业能否实现其福祉目标的根本，同时也是从业人员自身前途命运的基本保障。因此，学习理工专业的青年学子，要及早树立职业操守意识，加强自身综合素养的磨炼，为以后从事工程职业奠定良好的基础。

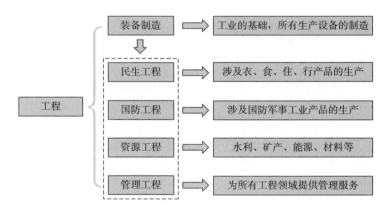

图5-5 工程领域分类

5.2.2 工程伦理原则

工程是一种职业，它涉及不同领域的专业知识和经验，工程的过程及结果与社会公众利益密切相关。因此，作为职业工程师，应时刻以公众的安全、健康和福祉为工作宗旨，应以实现每一个工程目标为人生追求，不断丰富相关领域的知识和经验，注重提升自身的专业技能，注重在实践中充实自我，树立正确的人生观和价值观。在履行工程职业责任过程中，应遵循以下工程伦理原则：

（1）以人为本

以人为本是工程伦理观的核心，是工程师处理工程活动中各种伦理关系最基本的伦理原则。它体现的是工程师在工程职业中对人类利益的关心和守护，对绝大多数社会成员的关爱和尊重。以人为本的工程伦理原则意味着工程建设要有利于人的幸福，有利于提高人的生活水平和改善人的生活质量。以人为本原则在人的职业生涯中体现的程度，取决于人的道德情操，一个人最终选择向善的道路，不仅仅是精神上的内在需要，也是对自己的一种道德责任，更是对自我尊重的态度，这是一个人之所以为人的根本生存法则和依据。

（2）关爱生命

工程师必须尊重人的生命权，要始终将保护人的生命摆在重要位置，这意味着不支持以毁灭人的生命为目标的研制开发，不从事危害人的健康的工程设计和实施。这是对工程师最基本的道德要求，也是所有工程伦理的根本依据。尊重人的生命权而不是剥夺人的生命权，是人类最基本的道德要求。

（3）安全可靠

在工程设计和工艺操作中要以对生命高度负责的态度和责任感充分考虑产品的安全性能和劳动保护措施，要求工程师在进行工程技术活动时必须考虑安全可靠，对人类无害。

（4）关爱自然

工程技术人员在工程活动中要坚持生态伦理原则，不从事和开发可能破坏生态环境或对生态环境造成有害影响的工程项目，工程师进行的工程活动必须有利于自然界的生命和生态系统健全发展，提高环境质量。要在开发中保护，在保护中开发。在工程活动中要善待和敬畏自然，保护生态环境，建立人与自然的友好伙伴关系，实现生态循环。

（5）公平正义

工程师的行为要有利于他人和社会，尤其是面对利益冲突时要坚决按照道德原则和法律行事。公平正义原则还要求工程师不把从事工程活动视为名誉、地位、声望的敲门砖，反对用不正当的手段在竞争中抬高自己。在工程活动中要尊重并保障每个人合法的生存权、发展权、财产权、隐私权等个人权益。

5.3　工程师的道德意识和伦理责任

道德意识和伦理责任是每一个人在社会生活中的义务，是体现社会个体和群体善恶美丑的突出标志。工程领域多方面的风险时刻存在，工程职业的从业人员必须强化道德意识和伦理责任，这是降低工程风险，减少事故隐患的根本。工程师是工程建设的主体，肩负着工程造福人类的崇高使命。工程师在从事技术及管理工作的同时，内心必须时时用道德意识和伦理责任警醒自己，唯此才能在岗位实践中塑造完美的人格品性。

5.3.1　工程师的道德意识

道德意识是人们在长期的道德实践中形成的道德观念、道德情感、道德意志、道德信念和道德理论体系的总称。可区分为个体道德意识和群体道德意识。两者的统一，即表现为人们共同承认和遵守的一定的道德原则和规范。道德意识受一定的经济关系和阶级利益的制约。道德意识有三个来源：一个是内在的，发自内心的道德意识，一个是外在的，或者说是社会的道德意识，还有一个是超越的道德意识。内在的道德意识，是先天的、本能的、自然的。外在的道德意识可以包括超越的道德意识，两者都不是天生的，都是外在的，不是原来就具有的。社会道德意识是通过教育得来的，通过父母的传授、老师的培养、习俗的延续等而获得的，是一种社会心理上的范式。超越的道德意识，与信仰有关。

工程造福于人类目标的实现并非只是通过科学和技术的要素来得到保证。在工程的策划实施过程中，工程技术人员的敬业精神、工作态度、法治意识、思想境界等对工程的顺利实施具有重要的指导意义，其中具有强烈伦理意蕴的道德意识至关重要。因此工程师在职业岗位上应具有突出的职业道德意识。首先，要有对自己所从事的工程职业和所处工作岗位应承担的社会职责和具有的社会价值有强烈认同，以及由此产生的对工程职业的热爱和职业理想的追求。工程人员热爱自己的职业，才能勇于承担自己的社会职责，能够对人类赖以生存的生态和社会环境有保护意识。其次，要自觉遵守工程职业法规、工程行业规范和岗位职责要求，如企业的各项操作规程和劳动纪律的规定，工程项目中的标准规范、安全规定等。最后，追求工程职业理想，提高自己的道德修养和思想境界，培养奋斗的精神和态度，具有攻克难题、战胜困难的奋斗精神以及实现工程职业理想的勇气。

工程师在职业岗位上如果没有强烈的道德意识，就会造成责任感的缺失，进而形成事故隐患。2014年10月7日19时1分，内蒙古东源科技有限公司正在建设的BDO项目回用水厂房二楼发生爆炸，造成3人死亡，2人重伤，4人轻伤，部分设备被毁损，直接经济损失约743.6万元。经调查认定，事故原因是由于地下污水总管内的可燃气体甲烷、氢气等通过6根溢流管反串到正在施工建设的回用水厂房，长时间积聚并达到爆炸极限，遇操作工打开电灯开关打火引发气体空间爆炸。成达工程有限公司BDO项目原设计人员是公用工程给排水专业工程师，因错画一条管道，被认定为对乌达工业园区回用水厂房二楼发生爆炸事故负直接责任，被乌海市乌达区人民法院一审判决：犯工程重大安全事故罪，判处有期徒刑三年，缓刑三年，并处罚金100000元。

5.3.2 工程师的伦理责任

工程强调做事，伦理规范做人，工程职业岗位注重道德伦理是工程项目正常运行的必然要求（图5-6）。工程师应该有强烈的责任感，应该意识到自己的工作可能给社会带来的影响。如果是积极的影响，工程师是有自豪感和成就感的。问题是有可能产生的消极影响，特别是由于利己思想造成的技术环节的人为削弱，从而会形成事故隐患。

图5-6 工程伦理

2018年11月26日，深圳科学家贺建奎宣布，一对名为露露和娜娜的基因编辑婴儿于11月在中国健康诞生。这对双胞胎的一个基因经过修改，使她们出生后即能天然抵抗艾滋病。这则消息曝出后，引发巨大争议。短时间内，当事方出面回应，监管部门介入调查，学术界、法律界集体声讨，逾百名科学家联名发声，坚决反对、强烈谴责人体胚胎基因编辑。中国学者认为，该事件对于中国科学，尤其是生物医学研究领域在全球的声誉和发展都是巨大的打击，对中国绝大多数勤勤恳恳科研创新又坚守科学家道德底线的学者们是极为不公平的。

2019年12月30日，"基因编辑婴儿"案在深圳市南山区人民法院一审公开宣判，贺建奎、张仁礼、覃金洲3名被告人因共同非法实施以生殖为目的人类胚胎基因编辑和生殖医疗活动，构成非法行医罪，分别被依法追究刑事责任。法院认为，3名被告人未取得医生执业资格，追名逐利，故意违反国家有关科研和医疗管理规定，逾越科研和医学伦理道德底线，贸然将基因编辑技术应用于人类辅助生殖医疗，扰乱医疗管理秩序，情节严重，其行为已构成非法行医罪。根据3名被告人的犯罪事实、性质、情节和对社会的危害程度，依法判处被告人贺建奎有期徒刑三年，并处罚金人民币三百万元。

阿尔弗雷德·贝恩哈德·诺贝尔，瑞典化学家、工程师、发明家，炸药的发明者，1833年10月21日出生于斯德哥尔摩，1896年12月10日逝世。诺贝尔一生拥有355项专利发明，并在欧美等五大洲20个国家开设了约100家工厂，积累了巨额财富。1895年，诺贝尔订立遗嘱将其遗产的大部分（约920万美元）作为基金，将每年所得利息分为5份，设立诺贝尔奖，分为物理学奖、化学奖、生理学或医学奖、文学奖及和平奖（1969年瑞典银行增设经济学奖），授予世界各国在这些领域对人类文明进步做出重大贡献的人。有人认为诺贝尔是破坏工具的发明人，为战争推波助澜。实际上他憎恨战争，炸药被转为军事所用是他左右不了的，他对炸药被转为军事用途而感到忧心忡忡。

从以上案例可以领悟到，工程师在涉及自身的本职工作时，内心要树立高度的责任意识，不仅要善于从法律的角度保护自己，比如加强标准意识，所有的设计施工都要符合相关标准，适当放大安全系数，按规定程序作业。

《论语》有言：君子务本，本立而道生。每一个工程师都应该在工作岗位上时刻警醒自己：如果因为我的失职造成工程事故产生危害，我将如何面对。在对利益的追逐中，与工程相关的诸如偷工减料、假冒伪劣的现象时有发生，造成惨痛事故的教训发人深省，尽管很多与工程师的关系并不大，但在企业生产及工程项目实施中，工程师却不能掉以轻心，且不说为了利益有意为之，仅仅因疏忽大意带来的意外就会断送自己一生的前途，而疏忽大意，恰恰是伦理责任意识不强的表现。现代社会责任划分越来越细，作为工程师可能是单一技术身份，也可能兼有管理职责。用标准、法规、伦理充实自己，强化意识，才是合格工程师的发展之路。

5.4 工程师的职业伦理

职业伦理是指从业人员在工作范围内规定采纳的一套行为规范标准。职业伦理不同于个人伦理和公共道德伦理，对于工程师来说，职业伦理表明了在职业行为方式上人们对他们的期待和他们所做工作对他人和社会的道德影响。对于公众来说，具体到伦理规范中的职业标准要求，使现有的和潜在的客户以及消费者对职业行为可以做出确定的假设判断，即让他们获得关于执业人员个人道德的知识。工程师的职业伦理除规定了工程师职业活动的遵循和方向外，还着重培养工程师在面临认识冲突和利益冲突时做出判断和解决问题的能力，前瞻性地思考问题，预测自己行为的可能后果并作出判断的能力。一些工业发达国家把认同、接受并执行工程专业的伦理规范作为职业工程师的必要条件。

5.4.1 工程师的职业责任

职业责任是指人们在一定职业活动中所承担的特定的职责，它包括人们应该做的工作和应该承担的义务。职业活动是人一生中最基本的社会活动，职业责任是由社会分工决定的，是职业活动的中心，也是构成特定职业的基础，往往通过行政甚至法律加以确定和维护。

工程师应该对什么负责？向谁负责？这样的问题是伴随其整个职业生涯的。各工程社团制订的职业伦理章程，对工程师的职业伦理规范进行了详细的解释，包括首要责任原则、工程师的权利与责任、工程师的职业美德、如何做正确的伦理决策等。风险与工程相伴相生，这使人始终感觉被动，存在于困境之中。但同时也在时刻提醒工程师主动去面对风险，用责任和义务去降低风险。公众的安全健康和福祉既成为工程与人—自然—社会关联中人的最大现实利益，又构成工程师在履行职业义务时必须首要考虑的关键要素。出于对安全的关注和对可能由工程活动引发的事故灾难进行防护的考虑，在最大程度上避免潜在的、未来的、可能的工程事故对生命财产造成的伤害，工程职业伦理章程的制订基本上是以工程师应该承担相应职业角色的道德义务与责任为基本出发点的。

《危情时速》是托尼·斯科特执导的一部动作影片，根据2001年发生在美国俄亥俄州的真实事件改编。影片讲述了一位被勒令提前退休的老驾驶员以及产生家庭危机的新列车长，试图停下一列满载危险化学品和柴油的无人驾驶失控列车，以避免它开往人口密集的地区造成重大伤亡（图5-7）。从电影中，我们可以在惊心动魄和真实情境下体会和感悟到工程师在危急关头自身职业修养和职业责任的重要性。

图5-7　危情时刻

工程师的职业责任主要体现在三个方面。

（1）对安全尽到义务

风险与安全是紧密相关的，根据工程学和统计学的规律，一个工程项目涉及的各环节不确定性越大，它也就越不安全，所以工程职业伦理章程中关于安全的条款是与减少不确定性相关的。工程职业伦理章程对风险的控制，不仅要求工程师通过反思达到一种对安全的自我认识，更需要在现实的工作岗位上有所行动。例如，工程师应当公开所有可能影响或者看上去影响他们对安全的判断或关于服务质量的已知的或潜在的矛盾积累和利益冲突。工程师应努力增进公众对工程福祉的了解，努力避免对工程目标的误解。

（2）要做到可持续发展

可持续发展，是着眼于人类发展的整体利益和长远利益，将自然纳入伦理的调整范围，并通过法律保护的积极行动，对工程实施有约束的发展模式，这种模式不仅实现当代发展的可持续性，还要确保子孙后代发展的可持续性。职业伦理章程中可持续发展观的确立，是基于"善"的前提下，倡导人类享有与自然和谐共生的全面发展权利，同时也要求工程师对自然世界主动承担起节约资源保护环境的责任，强调工程不能仅仅着眼于当前的物质和经济的需要，更应站在为人类安全、健康和福祉的基础上，着眼于全面发展、生态良好、生活富裕、社会和谐的未来。

（3）关于忠诚和举报

工程师应对自身和企业需要有着多种价值诉求，这些不同的价值诉求常常将工程师置于企业的对立面。举报正是这些因诉求产生冲突的一种结果，举报涉及诸多伦理问题，其中比较突出的一个问题便是，举报是不是工程师对雇主忠诚的一种背叛？一个举报者之所以敢冒事业前途的风险毅然选择举报，正是由于他意识到了自己所肩负的社会责任。例如，在著名的"挑战者号"灾难中，当著名的举报者罗杰·博伊斯乔利被问到是否对自己的举报行为感到后悔时，他说，他为自己工程师的身份感到自豪。作为一名工程师，他认为自己有义务提出最好的技术判断去保护包括宇航员在内的公众的安全，因此站在公众的立场举报，体现了工程师对社会的忠诚。其实选择举报是举报者的一种无奈之举，相关机构应该对举报负主要的责任，在许多工程伦理案例中可以发现，举报者在举报之前其实已经竭尽所能，通过各种途径反映了有关问题，但被忽视了，以致最后他不得不选择举报。

5.4.2　工程师的职业精神

职业精神是与人们的职业活动紧密联系，具有职业特征的精神与操守，从事这种职业就该具有的精神、能力和自觉。职业精神总是鲜明地表达职业的根本利益，以及职业责任、职业行为上的精神要求。就是说，职业精神不是一般地反映社会精神的要求，而是着重反映一定职业的特殊利益和要求；不是在普遍的社会实践中产生的，而是在特定的职业实践基础上形成的。它鲜明地表现为某一职业特有的精神传统和从业者特定的心理和素质。职业精神往往世代相传。职业精神具有具体、灵活、多样的特征。各种不同职业对于从业者的精神要求总是从本职业的活动及其交往的内容和方式出发，适应于本职业活动的客观环境和具体条件。因而，它不仅有原则性的要求，而且往往很具体，有可操作性。职业精神表现在调节范围上，主要调整两方面的关系，一方面是同一职业内部的关系；另一方面是同一职业内部的人同其所接触的对象之间的关系。

工程师的工作广泛地影响着人们的日常生活。工程师投身于工程活动的工作中，必须树立一种职业精神，具有为人类服务的强烈愿望。在工作中，人们希望工程师能够充分发挥自己的技术专业特长，同时也应具有诚实、正直、高尚的态度和精神。工程师的职业精神突出体现在以下三个方面：

①利用专业知识和技能造福于人类。

②诚信、公正、忠实地服务于客户、雇主和公众。

③致力于提高工程职业的能力与声誉。

电视剧《理想照耀中国——时光列车》展示了中国高铁工程师奉献国家、奉献事业的崇高职业精神。何秀英是我国高铁装备行业唯一一位女总工程师，参与并创造了中国高铁的许多"世界之最"。在工作中，何秀英是一个刻苦钻研、不怕脏不怕累，置个人身体状况于不顾的劳动楷模。因为全身心投入"复兴号"项目的研究中，她在女儿成长的关键时刻一直是缺席的，她错过了女儿小学的毕业典礼，女儿的生日也不能陪伴，甚至女儿中考都不能亲自为她做一顿饭。在工作和生活不能平衡的时候，何秀英克服了对家人的刻骨思念，选择了舍弃小家，建设国家。不论在冰天雪地还是在荒漠戈壁，何秀英始终冲在工作的第一线，长期高负荷的工作导致了腰椎间盘滑脱，医生让她卧床休息的时候，她还在研究图纸到深夜。最终克服了种种艰难险阻，掌握了高速动车组关键核心技术，成功研制了"复兴号"中国标准动车组 CR400AF 型列车，助力中国高铁实现从"跟跑"到"领跑"的精彩蜕变，成为一张亮丽的"国家名片"。从"和谐号"到"复兴号"，从运营时速200公里到350公里各个速度等级的高铁动车组，何秀英用艰苦奋斗、呕心沥血的精神，带领一支上千人的高铁研发团队，一路披荆斩棘，最终攻克了中国高铁研发的技术难题，改变了世界对中国制造的陈旧印象，成功转型到中国"智"造。

在中华民族复兴征程上，从古至今，许多大国工匠集中体现了工程师职业精神，也是工程师事业追求的光辉典范。全国劳模、中车四方股份公司电气首席技师周勇（图5-8）从事高铁电气系统方面的工作已近14年。14年里，他见证、体验了中车四方用智慧和汗水，从跟随者成为领跑者、打造中国高端装备制造"名片"的过程。一列列奔驰在祖国大地上的超级"大块头"，离不开隐藏在"身体"里的各种电缆电线，离不开复杂电气构成的各种系

图5-8 全国劳模周勇

统，离不开电气装置及部件组成的"神经""血脉"和强劲动力输出。"作为一名电工，将一根压接的电缆在显微镜下进行检测，用技术从微观入手保障着宏观质量，我们深知——手中的质量就是乘客的安全。我们将电气系统调试工艺不断进行优化和提升，保障企业持续创新"，周勇说。

5.4.3 工程师的伦理规范

伦理规范也是社会行为规范，指在处理人与人、人与社会相互关系时应遵循的道理和准则。伦理规范是指导行为的道德规定，是从概念角度上对道德现象的哲学思考。伦理规范不仅包含着对人与人、人与社会和人与自然之间关系处理中的行为规范，而且也蕴涵着依照一定原则来规范行为的深刻道理。工程师崇高职业精神的根本遵循就是工程伦理规范，主要包括以下三个方面的内容：

（1）诚实可靠

工程师的职业生涯常常要求强调某些道德价值的重要性，比如诚实可靠。因为工程师的职业活动，关系到公共安全、健康和福祉，人们要求和期望工程师自觉地寻求和坚持真理，避免虚伪欺骗的行为。几乎所有工程社团制订的职业伦理章程都强调了工程师必须诚实可靠，要求工程师寻求、接受和提供对技术工作的诚实批判。工程师必须诚实和公正地从事他们的职业，并在工作中以一种客观的和诚实的态度来履行职责或发表声明。

（2）尽职尽责

工程师的尽职尽责体现了工程伦理的核心，它是以胜任、可靠、才智、忠诚以及尊重法律和民主程序等具体的美德来理解的。尽职尽责易被理解为工程师内在的德性和品格，因此工程职业伦理章程倡导工程师在工程活动的道德实践中要形成内在的诸如胜任、诚实、勇敢、公正、忠诚、谦虚等美德。

（3）忠实服务

服务是工程师开展工程职业活动的一项基本内容和基本方式。诚实、公平、忠实地为社会公众、雇主和客户服务，已成为当代工程职业伦理规范的基本准则。作为一种精神状态，忠实服务是工程师对自身从事的工程实践伦理本性的内在认可；作为一种现实行为，忠实服务表现为工程师对践行致力于保护公众的健康安全和福祉职责的能动创造。

美国国家专业工程师协会（National Society of Professional Engineers，NSPE）制订的工程师伦理规范分为三个主要部分：

①基本准则：从伦理和专业角度约束专业工程师的行为。

在基本准则中规定了工程师在从业过程中应该做到：

A. 把公众的安全、健康和福祉放在第一位。

B. 在他们的能力范围内提供服务。

C. 以客观、真实的态度发表公开声明。

D. 做每个雇主或客户的忠实代理人或信托人。

E. 杜绝欺骗行为。

F. 体面、负责、道德、合法地开展工程专业活动，提高专业的声誉和实效。

②实施细则：详细阐述了基本准则所涉及的工程师在职业岗位上方方面面应遵守的规则。

实践细则强调工程师应在职业岗位上做到：

A. 工程师应将公众安全健康和福祉放在首位。

a. 在危及生命和财产的情况下，如果工程师的判断遭到了否定，那么他们应向雇主或客户以及其他任何相关的机构通报情况。

b. 工程师应仅批准那些符合适用标准的工程文件。

c. 除了法律或本章程授权或要求之外，在没有得到客户或雇主事先同意的情况下，工程师不应泄露所获得的真实数据或信息。

d. 工程师不应与任何他们认为在从事欺骗性或不诚实事务的个人或公司合作，同时也不应允许在这样的合作中使用他们的姓名。

e．工程师不应协助或唆使任何个人或公司从事非法的工程项目。

f．当知道任何宣称的违反本章程的情况时，工程师应立即向相关的执业机构报告，同时也要向公共机构报告，并协助有关机构弄清这些信息或提供所需的协助。

B．工程师应仅在其应有能力胜任的领域内从事职业服务。

a．在特定技术领域内，工程师只有具备了相应的资质时，才应承担分派的任务。

b．在自己缺乏资质的领域或不在自己指导和管理之下编制的计划书或文件，工程师不应签字或盖章。

c．工程师可接受任务指派和承担整个项目的协调责任，并签署和批准整个项目的工程文件，前提是该项目的每一个技术部分均由具备资质的工程师编制和签字。

C．工程师应以客观的和诚实的方式发表公开声明。

a．工程师在专业报告陈述或证词中应保持客观和诚实，在专业报告陈述和证词中，应该包含所有相关的和恰当的信息。

b．只有当其观点建立在对事实充分认识的基础之上，并且该问题在其专业知识范围之内时，工程师才可以公开地表达他的专业技术观点。

c．在由有关利益方发起或付费的事项中，工程师不应发表技术方面的声明和论证，除非在发表自己的意见前，他们明确地表明自己所代表的相关当事人的身份，并且揭示在其中可能存在的利益关系。

D．工程师应做雇主或客户的忠实代理人或受托人。

a．工程师应公开所有可能会影响他们判断或所提供服务质量的已知的或潜在的利益冲突。

b．工程师不应在同一项目服务中接受任何超过一方的报酬，或者重复接受有关同一项目服务的报酬，除非已向所有相关各方完全公开，并征得他们的同意。

c．对于由自己负责的工作，工程师不应向承担者直接或间接地接受金钱或其他有价之物。

d．在其作为成员、顾问以及政府或准政府机构或部门雇员的公共服务中，工程师不应参与由他们自己或其组织在个人或公共工程事务中提供的与服务有关的决策。

e．如果工程师所在组织的成员在政府机构中担任负责人或官员，那么工程师不应索取或接受来自该政府机构的合同。

E．工程师应避免发生欺骗性的行为。

a．工程师不应伪造他们的职业资格，也不应允许对自己同事的职业资格做出错误的表述，他们不应伪造或夸大他们以前对某项事务负责的情况。

b．工程师不应直接或间接地收受任何公共机构授予合同的捐赠，或者被公众理解成为具有影响授予合同意图的捐赠。

③专业职责：专注于法律、伦理和社会，更为详细地规定了工程师的行为细则。专业职责规定了以下几点：

A．当处理与各方的关系时，工程师应以诚实的和正直的最高标准作为指导原则。

B．工程师应始终努力地服务于公众利益。

C. 工程师应避免所有欺骗公众的行为。

D. 未经现在的或先前的客户或雇主或他们服务过的公共部门的同意，工程师不应泄露任何涉及他们的商业事务或技术工艺的秘密信息。

E. 工程师在履行其职业责任的过程中，不应受到利益冲突的影响。

F. 工程师不应试图通过虚假批评其他工程师或通过其他不恰当或可疑的方法获得雇用提升或职业合作的机会。

G. 工程师不应恶意地、欺诈性地、直接或间接地损害其他工程师的职业荣誉，当确信他人有不符合道德或不合法的行为时，工程师应该向有关机构提供这些信息。

H. 工程师因为他们的职业行为承担个人责任，然而除了整体疏忽外，工程师可依据他们所提供的服务寻求补偿，否则工程师的利益将得不到保护。

I. 工程师应根据对工程所做的贡献，将荣誉给予那些贡献者，且要承认他人的所有权权益。

分析思考题

1. 什么是职业和职业素养？举出一些工程职业的具体例子。

2. 工程师应遵守的工程伦理原则有哪些？

3. 工程师应该树立怎样的伦理观？工程师的伦理责任是什么？

4. 阅读以下文字：

2014年10月7日19时1分，内蒙古东源科技有限公司正在建设的BDO项目回用水厂房二楼发生爆炸，造成3人死亡，2人重伤，4人轻伤，部分设备被毁损，直接经济损失约743.6万元。经调查认定，事故原因是由于地下污水总管内的可燃气体甲烷、氢气等通过6根溢流管反串到正在施工建设的回用水厂房，长时间积聚并达到爆炸极限，遇操作工打开电灯开关打火引发气体空间爆炸。成达工程有限公司BDO项目原设计人员张子武（公用工程给排水专业工程师），因错画一条管道，被认定为对乌达工业园区回用水厂房二楼发生爆炸事故负直接责任，被乌海市乌达区人民法院一审判决：犯工程重大安全事故罪，判处有期徒刑三年，缓刑三年，并处罚金100000元。

从上述案例中，分析工程师在工程职业岗位上应该树立怎样的伦理责任意识？

第六章　工程与环境

知识要点
- 了解工程环境伦理观念的概念
- 深刻理解工程与自然环境和社会环境的关系
- 认识工程环境伦理原则及其现实意义
- 把握工程师的环境伦理规范

【引导案例】秦岭违建别墅事件

秦岭，中国龙脉，华夏绿肺。秦岭东起商洛，西尽汧陇，东西八百里。岭根水北流入渭，号为八百里秦川。秦岭，天下之大阻，中华文明之摇篮。其分地界，调阴晴，固生态，涵水源，功莫大焉！秦岭是我国南北方气候分界线和重要的生态安全屏障，有调节气候、保持水土、涵养水源、维护生物多样性等诸多功能。然而近年来，秦岭北麓西安段却有人圈地建别墅。涉及责任人魏民洲、赵正永。

6.1　工程环境的伦理观念

工程存在于一定的环境中，包括自然环境和社会环境。工程作用于环境，环境影响着工程。现实中，工程与环境紧紧捆绑在一起。工程是人的社会实践活动，工程的目标就是把自然的规律与人的目的性很好地融合在一起，既遵循自然规律又满足了人的需要，工程必须与人和社会打交道，由此会产生一系列社会伦理问题。另外，工程是改造自然的活动，需要直接与自然打交道，在文明社会中又会产生诸多环境伦理问题，毕竟人要生存发展，社会要文明进步。环境伦理问题涉及人与自然环境的道德关系，如图6-1所示。

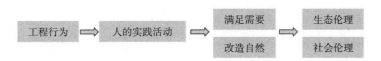

图6-1　工程与环境伦理

人生活在一定的自然环境中，作为客体的工程活动当然也是在一定的自然环境中进行的。或者说，工程活动是依附于特定的自然环境的。一般来说，工程活动的任务是建造或开采，是从自然环境中得到所需。因此，工程与自然之间必然会产生矛盾。当这种矛盾加剧时，就说明自然生态环境受到了严重破坏。在人的生存能力有限的时代，人们在自然环境中获取生活所需时，主要还是顺应自然、依靠自然。当生产力水平提高后，人的占有欲增强，以征服自然为荣耀的心理不断膨胀，若为一己之利恣意妄为、不计后果的工程活动充斥世间，积累到一定程度，工程与自然之间的矛盾无法调和时，便会爆发环境危机。由此可见，作为工程演化的外部动力，工程与自然之间的矛盾在工程活动中始终存在。当这种动力与天人合一的社会进步同向时，即工程演化是正向的，它就会对自然与社会的和谐共进起到促进激励作用。当这种动力与社会进步方向相反时，即工程演化是负向的，这时工程演化就会制约和束缚社会的进步发展。

6.1.1 工程实施的环境

任何工程活动都需要改变环境。矿产资源开采、道路桥梁修建、城市建设、工厂建造等工程活动都是在一定的自然和社会环境中进行的，无论是好是坏都会使环境发生变化，尽管工程活动是以相关的科学知识和技术原理为基础的，但它只要以人的目的作为最终依据，就必然会伴随环境的改变。毫无疑问，所有工程活动在实现人类目标的同时，或多或少都会造成生态环境变化，甚至有不少工程因环境损害而失去了其应有的工程价值。

工程建设会引起一系列环境问题，这在现代社会已经成为不争的事实。在大搞工程建设的今天，其中的环境保护问题已显得越来越突出和重要，主要在于工程过程中自然环境受到不同程度的破坏，直接影响到人们的生活和生命安全，必须要在工程建设和环境保护之间找到平衡点，努力使二者的关系协调起来。

工程的基本着眼点是为了人类自身的利益和发展，同时一切工程活动都是在特定环境中进行的，那它必然会对环境造成一定的影响，无论是自然环境还是社会环境。同时环境也会对工程产生或好或坏的影响，最终影响到人类自身发展的目标，古人讲的顺势而为在工程活动中具有极强的现实意义。

工程实施的环境包括自然环境和社会环境，对于工程要实现的目标和效果具有极其深刻的影响。其中包含着丰富的伦理内容。工程活动必然也是经济活动，二者可以说是如影随形，它们运行的过程，离不开自然环境和社会环境的双重作用。图6-2表明了工程活动和经济活动的关系及过程中依托的要素。

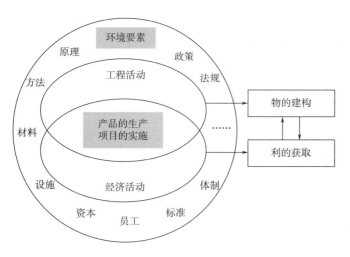

图6-2　工程活动与经济活动

6.1.2 环境伦理思想

环境伦理思想源于工业文明进程中人们对自然资源的过度攫取造成生存环境恶化的深

刻反思。工业文明在带来生产力发展、生活水平提高的同时，往往也伴生着自然环境的破坏。这实际是工程演化过程中忽视环境因素带来的社会退化。工业革命使英国成为当时世界最强大的资本主义国家。机器的大量应用使生产力水平突飞猛进，而由此产生的工业污染也是触目惊心。伦敦，著名的雾都，大量的煤炭在驱动蒸汽机的同时，也让城市陷入烟尘之中。或许是一次集中爆发，1952年底的伦敦雾霾事件夺去了上万人的生命（图6-3）。

图6-3 伦敦雾霾事件

在我国，正确环境伦理思想的树立也是经济发展过程中无数破坏生态环境、社会伦理失衡的经验教训换来的。我国自改革开放以来，由于追求GDP增长造成的生态退化令人心悸（图6-4）。植被破坏，水土流失，河流污染，空气污浊，人们在攫取利益的同时，似乎忘记了自己还得生存，忘记了还得为子孙后代的生存留下什么。还有战争和事故，一颗原子弹、一次核泄漏，工程演化负面效应的生态灾难带给人们心灵的创伤是难以弥补的。

图6-4 生态破坏

《寂静的春天》是美国科普作家蕾切尔·卡逊创作的科普读物，首次出版于1962年。在这本书中，卡逊以生动而严肃的语言文风，描写因过度使用化学药品和肥料而导致严重的环境污染、生态破坏，最终给人类带来不堪重负的灾难。书中阐述了农药对环境的污染，用生态学的原理分析了这些化学杀虫剂对人类赖以生存的生态环境带来的危害，指出人类用自己制造的毒药来提高农业产量，无异于饮鸩止渴，人类应该在谋求发展中另辟蹊径。

《道德经》中言："道常无为，而无不为。侯王若能守之，万物将自化。化而欲作，吾将镇之以无名之朴。无名之朴，夫亦将不欲。不欲以静，天下将自定。"其含义就是顺应自然似乎无所作为，然而却又无所不为。如果能按照"道"的原则顺应自然为政治民，万事万物就会自我化育、自生自灭而得以充分发展。

马克思主义生态观作为科学生态观的智慧结晶蕴含着理性生态与人文生态的精髓与萌芽，也是科学的环境伦理思想。恩格斯在《自然辩证法》中明确指出，我们不要过分陶醉于我们对自然界的胜利，对于每一次这样的胜利，自然界都会对我们进行报复。每一次胜利，起初确实取得了我们预期的结果，但是往后和再往后却发生完全不同的出乎意料的影响，常常把最初的结果又消除了。所以人类的发展活动必须尊重自然、顺应自然、保护自然，否则将会自食其果。只有让发展方式绿色转型，才能适应自然的规律。绿色是生命的象征，是大自然的底色；绿色是对美好生活的向往，是人民群众的热切期盼；绿色发展代表了当今科技和产业变革的方向，最有发展前途。

党的十八大把生态文明建设纳入中国特色社会主义事业，明确提出大力推进生态文明建设，努力建设美丽中国，实现中华民族永续发展。这标志着我们对中国特色社会主义规律认识的进一步深化，是新时期中国共产党运用整体文明理论指导当代中国的又一重大理论创新成果。突出生态文明建设在"五位一体"总体布局中的重要地位，表明中国共产党从全局和战略高度解决日益严峻的生态矛盾，确保生态安全，加强生态文明建设的坚定意志和坚强决心。同时，生态文明建设在"五位一体"总体布局中具有突出地位，发挥独特功能，为经济建设、政治建设、文化建设、社会建设奠定坚实的自然基础和提供丰富的生态滋养，推动美丽中国的建设蓝图一步步成为现实。

6.2　工程与自然环境

任何工程活动都在一定的自然环境中进行。或者工程本身就是为了改造自然，如水利枢纽工程；或者是为了发展经济，获取利益，如各种人造景观。人类的生存发展，总是选择大自然馈赠最为丰厚的地方。水是生命之源。大河流域水源充足，地势平坦，土地肥沃，气候温和，人类的生存条件得天独厚，农作物容易培植和生长，人们衣食住行的基本需求容易得到满足。这些也为工程的衍生和进化奠定了良好的基础。良好的自然环境促进着工程的演化，演化的结果是社会进步和人民生活水平的提高。反过来，工程的演化也在改变着自然环境。这一改变，有可能是生态的改善，也有可能是环境的恶化。

6.2.1　关于"征服自然"的思考

2020年5月12日，北京某文化传媒公司在张家界天门山景区取景拍摄极限运动短纪录片时，两名翼装飞行员从飞行高度约2500米的直升机上起跳进行高空翼装飞行，其中一名女翼装飞行员在飞行过程中，疑似因偏离计划路线导致失联。5月18日上午，失联近6日的翼装飞行女大学生刘某被找到，但已没有生命体征。2020年5月19日，天门山失事女翼装飞行员最后一跳画面公布，飞行中她正偏离路线。

在人类社会文明进步的过程中，伴随物质生活的不断改善，人们的精神追求也越来越高涨，许多人热衷于各种极限运动、冒险运动（图6-5）。如果出于精神追求、意志磨炼、生命向往，而去挑战自我、挑战自然，这也是一种人生的积极态度。从爱惜生命、尊重生命的角度看，当我们陶醉于征服自然时，应该反思，什么叫"征服自然"？到底为什么要"征服自然"？我们需要的是反思，而不是简单的肯定或否定。当以生命为代价时，或许有对生命意义的探寻价值。当以破坏环境为代价时，否定就应该成为决然的态度。挑战极限、超越自我，是很多体育爱好者的追求，但不能让极限运动成为盲目的生命冒险。

图6-5　征服自然

6.2.2　关于"水利工程"的思考

在人与自然的博弈中，宏伟壮观的水坝最能给人带来改造自然的成就感。原本汹涌澎湃的大江大河，被挡在高耸的坝体后面，成了温和的水库，满足人们发电、灌溉、供水等诸多需求（图6-6）。目前，世界上拥有水坝最多的国家是中国，几乎所有大小江河的干流或支流上都建有水坝，总数超过8.6万座。这些水坝在市场经济环境中越来越成为矛盾的两极，一面是人口膨胀、经济增长对水、电力与日俱增的期望，另一面则是来自生态环境和社会分配的一片讨伐声。是与非、功与过、取与舍，一时间这种从远古陪伴人类到今天的工程，被再度审视。

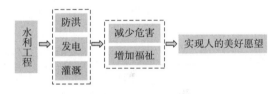

图6-6　水利工程

良好的自然环境促进着工程的演化，演化的结果是社会进步和人民生活水平的提高。反过来，工程的演化也在改变着自然环境。这一改变，有可能是生态的改善，也有可能是环境的恶化。

都江堰，人类历史上一项伟大的水利工程，也是工程演化中实现天人合一的永久实证。2200多年前，岷江滔滔江水涌出岷山，顺势倾泻，所到之处，水患泛滥，一片汪洋。枯水季节，江底裸露，泥土干裂，作物颗粒无收。水旱灾害频发，成都平原民不聊生。李冰父子吸取前人的治水经验，从开山修建宝瓶口开始，一步一步，一级一级，打通了玉垒山，构筑了分水堰——鱼嘴，修建了飞沙堰。经过8年的努力，适时适势，造堤建坝，引水分流，建成了令世人惊叹的人间奇迹——都江堰水利工程。从此成都平原物华天宝、人杰地灵，成为真正的天府之国。都江堰的神奇还在于，它的功能延续了2000多年，至今仍发挥作用。

都江堰带给人们的哲学思考是，工程的演化如何在改造自然和顺应自然中得到一个最佳的平衡点。

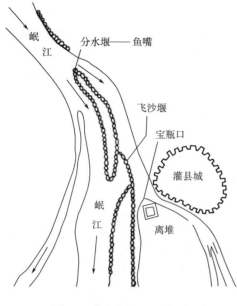

图6-7 都江堰工程示意图

通过都江堰的工程示意图（图6-7）和模块路径图（图6-8），我们可以从哲学和历史的角度进行深入的反思。在看到都江堰是历史留给人类的宝贵财富的同时，也认识到它留给人们一个有沉重感的问题：如何让工程的演化更多地成为进化，世世代代地造福于人类？

三门峡水利枢纽是新中国成立后建设的第一个大型水利工程，建于1957～1962年。围绕工程建设，从设计施工到建成投入运行，关于"利"与"害"的巨大争议一直在持续。在三门峡工程即将开工时，水利专家黄万里在清华大学课堂上给学生讲述他对三门峡工程的看法：一是水库建成后将很快被泥沙淤积，结果是将下游可能发生的水灾转移到上游，成为人为的自然灾害。二是所谓"圣人出，黄河清"的说法毫无根据，缺乏最起码的科学精神。因为黄河下游河床的土质为沙土，即使从水库放出的是清水，也要将河床中的沙土裹挟而下。

三门峡工程的技术设计由苏联专家主导完成，采用高坝大库方案，有学者提出了强烈质疑，认为在多沙河流上修建水库，必定造成严重的泥沙淤积问题，高坝方案后果尤其严重，如果一定要修，则应采用低坝方案。虽然当时进行了较为广泛的讨论，但正确的意见没有得到充分重视。实践证明工程不但远未实现设计目标，而且造成了严重的生态环境问题。

作为改造自然的工程案例，以历史上的都江堰水利工程为对照，三门峡水利工程（图6-9）在其建设和使用过程中折射出的"人与自然"的伦理困惑，值得人们永恒思考。

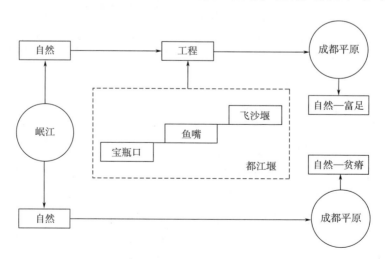

图6-8 都江堰水利工程模块路径

图6-9 三门峡水利工程

6.2.3 关于"水"的思考

凡是工程都离不开水。人们常说，水是生命之源，水能载舟也能覆舟，上善若水，滴水穿石，其中包含了自然、社会的深刻哲理（图6-10）。工程—水—自然—品性，这是一条普遍存在，无法解开的生命链条。人类的生存和发展都离不开水；文明的出现和兴盛，离不开水的孕育和滋养。人类最初从事水利工程和治水活动的初衷是为了预防洪涝灾害，而后水利工程逐渐发展成熟，人们用水、治水的经验也不断增加，从中感悟出水中蕴含的生命哲理。对水的思考，有着深深的文化韵味，工程与水的不解之缘，产生了意境深远的水文化。

图6-10 水的哲理

《道德经》中言："上善若水，水善利万物而不争。处众人之所恶，故几于道。居善地，心善渊，与善仁，言善信，正善治，事善能，动善时。夫唯不争，故无尤。""天下莫柔弱于水，而攻坚强者莫之能胜，以其无以易之。弱之胜强，柔之胜刚，天下莫不知，莫能行。是以圣人云：受国之垢，是谓社稷主；受国不祥，是为天下王。正言若反。"意思是说，最善的人好像水一样，水善于滋润万物而不与万物相争。停留在众人都不喜欢的地方，所以最接近于"道"。最善的人，最善于选择地方，心胸善于保持沉静而深不可测，待人善于真诚、友爱和无私，说话善于恪守信用，为政善于精简处理，能把国家治理好，处事能够善于发挥所长，行动善于把握时机。最善的人所作所为正因为有不争的美德，所以没有过失，也就没有怨疚。天下没有什么东西比水更柔弱，而攻坚克难却没有什么东西可以胜过水。弱胜过强、柔胜过刚，天下没有人不知道，但是没有人能实行。所以有道的圣人这样说："承担全国的屈辱，才能成为国家的君主；承担全国的祸灾，才能成为天下的君王。"正面的话好像在反说一样。

在老子心中，水、善、争、强、弱，这些自然的和社会的现象，这些蕴含着天地万物轮回不息机制的事物，都是以"道"为本源的。从工程的角度理解这些现象和事物，会对人与人、人与自然、人与社会的相互关系有一个更为深刻的伦理认识。都江堰水利工程的案例，也是这种天地轮回、天人合一的和谐社会的鲜明印证。

南水北调工程是优化水资源配置、促进区域协调发展的基础性工程，是新中国成立以来投资额最大、涉及面最广的战略性工程，事关中华民族长远发展。南水北调工程，不仅是世界规模最大、距离最长、受益人口最多、受益范围最广的调水工程，也是极端复杂的系统工程，涵盖了科技攻关、污染治理、水源保护、移民安置、文物保护、生态补偿等诸多方面。

南水北调工程自提出后就存在广泛的社会争论，反对者主要认为南水北调工程耗资巨大，涉及大量的移民问题，如果调水量过少，就发挥不了经济效益；如果调水量过多，枯水期可能会使长江的水量不足，影响长江河道的航运，更有可能引发长江流域自然环境生态危机。南水北调工程实施后，长江三峡水利枢纽工程原有的蓄洪、发电作用出现了较大争议。三峡工程和南水北调的同时作用，可能会对长江中下游地区产生难以估量的生态和航运影响，尤其是在旱季和枯水期。

6.3　工程与社会环境

每一项工程都是在一定的社会环境中开展的。政治背景、政策法规、体制机制、标准规章等都是社会环境的具体表现。可以说，社会环境对工程目标和效果起着至关重要的作用。

6.3.1　工程与政治制度

人类社会政治制度的产生、发展与自然物和工程造物是密不可分的，这是由阶级私有社会剩余物的本质特征决定的。从古至今，工程的演化无不打上阶级的烙印。也就是说，在阶级社会里，工程活动的过程总是根据统治者不同的目的和需求而进行的，从图6-11中也可以感受到这一点。其中也蕴含了深刻的伦理问题。

中国的运河开凿从春秋时代就开始了。当时都是出于扩大疆土、征服他国的军事目的。有史书记载的世界最古老的运河，是春秋吴国国王夫差为伐齐运送军队及军事物资便捷而下令修建的邗沟。历朝历代，无论是军事战略需要，还是国家物资调剂、民间商品流通，漕运都是主要的物资通达手段。统治者为巩固政权，加强管理，及时调配、疏通物资人员，首要的策略就是建立庞大的漕运体系。人工运河就是这一体系的重要组成部分。

图6-11 工程与政治制度

从隋代开始，封建集权制国家趋于稳定，发展经济成为迫切需要。而当时由于长期战乱和自然条件限制，北方经济萧条，南北经济差异明显。出于巩固政权、战备需要，南北之间必须加强物资运送通畅、人员往来便捷的能力。隋唐期间，统治者大规模开凿、疏通人工河道，以洛阳为中心，连通了黄河、淮河、长江等河流，形成了2700公里的水运交通动脉。

图6-12 京杭大运河

政权更迭，都城变迁，也意味着政治中心的迁移。到了元代，北京成为首都，运河的走向也必须为王朝的政权服务。于是，通过改建、疏浚，现代意义上的京杭大运河诞生了（图6-12）。千年流淌的运河，是工程演化的实证，是社会变迁的见证，也是统治阶级意志和政治制度的表达，客观上促进了经济的发展和社会的繁荣，成为民族勤劳智慧的象征。

政治制度要素作用于工程演化，还常常会对其他要素产生抑制或激励作用，从而加快工程的演化。欧洲中世纪的中前期，封建教会势力统治一切，陈腐苛刻的教规扼杀了人们的新思想、创造力以及由生产力发展带来的社会活力。科学技术要素被严重抑制，在长达400年的时间里没有产生较有影响的科学发现和技术发明，生产力发展陷于停滞。1688年英国资产阶级革命胜利建立了君主立宪制，政体确立了内阁制和近代议会制，政治制度适应了英国国内社会发展的需要，从而成为在英国发展资本主义和进行工业革命的根本保证。而英国工业革命带来的生产力质的飞跃也证明了政治制度要素对工程演化的激励作用。

在当代，中国特色社会主义制度和理论体系是对马克思主义关于人类、社会、经济实践发展观的继承和创新，也是对其内容的丰富和拓展。自改革开放以来，特别是党的十八大以来，中国在社会生产生活各领域取得的举世瞩目的发展成就，尤其是产业经济和一些宏大的工程项目（图6-13），比如装备制造业的集成创新使得交通运输、航空航天、信息产业等的发展突飞猛进，三峡工程、青藏铁路、南水北调等令世人震撼惊叹的工程创举，充分证明了

图6-13　当代工程

先进的社会制度和理论体系有力地激活了影响生产力发展的诸多要素，对工程的正向演化发挥着不可估量的作用。

6.3.2　工程与政策法规

政策法规的制定和实行意味着工程实施的计划性和有序性，在很大程度上决定了工程目标的实现以及工程过程的安全性。很多工程事故的发生都源于对政策法规的蔑视。改革开放初期，在淘金热潮下，各种冒险开掘、违反法规、钻空投机的工程充斥社会，煤矿、工厂事故频发，计划与市场之间的制度漏洞刺激着人们贪欲的疯狂。

需求侧管理是经济阶段性发展的产物，是低水平供需平衡的经济管理模式。当经济水平提升到一定高度时，需求侧管理的弊端就会凸显出来，表现在工程的社会环境中，就是利益驱动下管理的无序，竞争的无序，甚至无视法律法规，不顾伦理道德，疯狂竞逐个人利益。

涉及工程政策法规方面的工程运营模式主要包括：

（1）工程承包

图6-14　工程承包的类型

工程承包是指具有施工资质的承包者通过与负责工程项目的法人签订承包合同，负责承建工程项目的过程。市场经济环境下，工程承包是工程项目实施的主要方式。基础设施和土木工程、资源工程、制造业工程是涉及工程承包的主要领域。工程承包的类型如图6-14所示。

市场经济环境下，工程承包过程乱象丛生。在竞标环节，合理最低价评标法在工程承包中广泛使用，它能最大限度地节约资金，使招标人达到最佳的投资效益，貌似善举，但实际常常存在恶行。该方法的运用背离初衷，无原则的最低价中标成为行业发展一大诟病。最低价中标往往最终使承建商无利可图甚至亏损赔本。低价中标以后，甲乙方互相扯皮，甚至发生偷工减料的现象，影响工程质量。承建商的应对手段往往是工程停建、恶意拖欠薪酬等。

工程招投标过程中的"围标串标"现象，已经是公开的秘密。投标人围标串标的表现形式也趋于多元化，包括投标人之间相互串通投标、投标人与招标人串通投标、投标人与评标专家串通投标、投标人与招标代理机构串通投标等多种形式。各种形式的围标串标不仅造成国家建设资金的大量流失，扰乱招投标市场秩序，影响公开、公平、公正的市场经济环境，而且往往涉及商业贿赂现象，助长腐败现象的蔓延，危害性极大。

（2）工程标准

标准是一种规范，它规定了事物或过程应该遵守的流程和准则，是依事物规律做事的根本体现。工程标准是工程项目设计、施工、维护的依据和遵循，它对于保证工程项目或产品的质量，确保工程过程的安全具有重要意义。在工程设计、施工的每一个环节，按标准作业，是工程人员应该具备的基本素质之一。工程标准的分类及责任如图6-15所示。

图6-15 工程标准

所有的工程责任事故都是对工程标准的践踏。豆腐渣工程，是指那些由于偷工减料等原因造成的存在安全风险、容易毁坏的工程。1999年1月4日，重庆綦江彩虹桥那一声巨响，建成仅3年的桥突然整体坍塌，40人死于非命。2010年9月28日，武汉市白沙洲长江大桥开展40天的封闭维修工程，这是这座投资人民币11亿元的长江大桥通车10年来第24次大修，平均不到1年要修两次。2013年2月1日，连霍高速河南段义昌大桥南半幅发生的垮塌事故，坍塌桥面长80米，事故导致10死11伤。

建筑工程何以变成了"豆腐渣"？大多是因为工程在建筑过程中或擅自篡改设计，或偷工减料，或使用劣质材料。违规的建筑又何以被验收合格并交付使用？公共投资项目中存在的大量腐败机会，使建筑领域一直是腐败的重灾区。巨大的利润空间，使一双双黑手伸向建筑领域。而且由于管理者失职、渎职，工程的质量问题很多时候似乎只有靠突发事故进行"检测"，而每一次"检测"的结果，不仅是豆腐渣工程被暴露，还伴随着老百姓生命财产的巨大损失。

（3）工程监理

工程监理是指具有相关资质的监理单位受甲方的委托，依据国家批准的工程项目建设文件、有关工程建设的法律法规和工程建设监理合同及其他工程建设合同，代表甲方对乙方的工程建设实施监控的一种专业化服务活动。工程监理的依据及准则如图6-16所示。

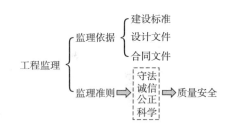

图6-16 工程监理

在很多工程责任事故中，被追究责任的人员都包括工程监理人员。2009年6月27日，上海闵行区1幢13层在建商品楼发生倒塌事故，造成一名工人死亡。其原因系大楼两侧堆土过高，地下车库基桩开挖造成巨大压差，致使土体水平位移，最终导致房屋倾倒。2010年2月11日，上海市闵行区人民法院对该案6名责任人进行宣判，其中监理方上海光启建设监理有限公司的总监理工程师乔某对工程项目违规情况审查不严，对建设方违规发包土方工程疏于审查，未能有效制止倒楼事故的发生，负有未尽监理职责的责任，被判处有期徒刑三年。

2010年1月3日，云南省昆明新机场航站区停车楼及高架桥工程A3合同段配套引桥F2R9至F2R10段，在现浇箱梁过程中发生支架局部坍塌，造成7人死亡，8人重伤，26人轻伤，直接经济损失616.75万元。根据事故调查报告，造成坍塌的直接原因是支架体构造有缺陷，支架安装违反规范，支架的钢管扣件有质量问题。采用从箱梁高处向低处浇筑砼的方式违反规范，导致架体右上角一板支架局部失稳，牵连架体整体坍塌。据悉，负责该工程的监理被公司处以45万元罚款，项目总监理工程师秦某停止执业3个月，副总监理工程师陆某停止执业11个月，专业监理工程师郭某被移送司法机关处理。

从以上案例可以看出，工程监理对于保证工程建设质量责任重大。工程监理机构和人员主要负责施工质量和施工安全等事项的监督管理，是工程施工环节的重要参建主体；监理作用的充分发挥，也是保证工程建设符合强制性标准、保障建筑工程质量安全的关键前提。

6.4 工程的环境伦理原则与规范

在工程活动中，人的利益是工程的首要目标，环境作为资源往往仅作为获取利益的工具，其中包含的伦理规矩常常被忽略。现代工程要求人与环境利益双赢，如果二者存在冲突，至少也要达到平衡，这就需要把环境利益提升到合理的位置。工程师在干预自然的工程活动中，对环境具有相关的道德义务，这些道德义务通过原则性的规定成为我们行动中必须遵循的规则和评价。

6.4.1 工程的环境伦理原则

人们在干预自然的工程活动中，对环境就拥有了相关的道德义务，这些道德义务通过原则性的规定成为人们行动中必须遵循的规则，以及评价行为正当与否的标准。现在工程活动中的环境伦理原则主要由尊重原则、整体性原则、不损害原则和补偿原则构成。

（1）尊重原则

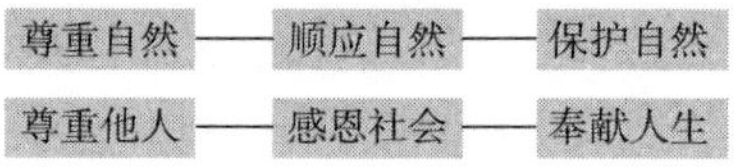

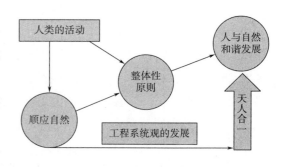

尊重自然
顺应自然
保护自然
尊重他人
感恩社会
奉献人生

图6-17 尊重原则

一种行为是否正确，取决于他是否体现了尊重自然这一根本性的道德态度，人对自然环境的尊重态度取决于如何理解自然环境与人的关系，尊重原则体现了人对自然环境的道德态度，因而成为人们行动的首要原则（图6-17）。

（2）整体性原则

一种行为是否正确，取决于它是否遵从了环境利益与人类利益相协调，而非仅仅依据人的意愿和需要这一立场。这一原则旨在说明人与环境是一个相互依赖的整体，它要求人类在确定自然资源开发利用时，必须充分考虑自然环境的整体状况，尤其是生态利益，任何在工程活动中只考虑人的利益的行为都是错误的。整体性原则强调大局观念，系统思想。天人合一是整体性原则在生态文明及人与自然和谐共生方面的集中体现（图6-18）。

人类的活动
人与自然和谐发展
整体性原则
天人合一
顺应自然
工程系统观的发展

图6-18 整体性原则

（3）不损害原则

一种行为如果以严重损害自然环境为代价，那么它就是错误的。不损害原则隐含着这样一种义务，不损害自然环境中一切拥有自身善的事物（图6-19）。如果自然拥有了内在价值，它就拥有自身的善，它就有利益诉求，这种利益诉求要求人们在工程活动中不应该严重损害自然的正常功能，这里的严重损害是指对自然环境造成的不可逆转或不可修复的损害。

图6-19　不损害原则

（4）补偿原则

一种行为，当它对自然环境造成了损害，那么责任人必须做出必要的补偿，以恢复自然环境的健康状态。这一原则要求人们履行这样一种义务，当自然生态系统受到损害的时候，责任人必须重新恢复自然生态平衡。所有的补偿义务都有一个共同的特征：如果他们的做法打破了自己与环境之间正常的平衡，那么就需要为自己的错误行为负责并承担由此带来的补偿义务（图6-20）。

图6-20　补偿原则

6.4.2　工程的环境伦理规范

工程师在工程实践活动中扮演多重角色，这使其对任何一个角色都负有伦理责任，如对职业的责任，对雇主的责任，对顾客的责任，对同事的责任，对环境和社会的责任。当这些责任彼此冲突时，工程师常常会陷入伦理困境之中，这就需要相应的制度和规范来解决此类困境。

工程师在涉及自身的本职工作时，内心要树立高度的责任意识，要将尊重、公正、有利作为自己的职业信条，不仅要善于从法律的角度保护自己，比如加强标准意识，所有的设计施工都要符合相关标准，适当放大安全系数，按规定程序作业，还要时时注重加强自身道德修养的锤炼。

世界工程组织联盟（WFEO）明确提出了工程师的环境伦理规范：

（1）尽你最大的能力、勇气、热情和奉献精神，取得出众的技术成就，从而有助于增进人类健康和提供舒适的环境。

（2）努力使用尽可能少的原材料与能源，并只产生最少的废物和其他任何污染来达到你的工作目标。

（3）特别要讨论你的方案和行动所产生的后果，不论是直接的或间接的、短期的或长期的对人们健康、社会公平和当地价值系统产生的影响。

（4）充分研究可能受到影响的环境评价，所有的生态系统可能接受的静态的、动态的和审美上的影响，以及对相关的社会经济系统的影响，并选出有利于环境和可持续发展的最佳方案。

（5）增进对需要恢复环境的行动的透彻理解，如有可能，改善可能遭到干扰的环境，并将它们写入你的方案中。

（6）拒绝任何牵涉不公平的破坏居住环境和自然的委托，并通过协商取得最佳的、可能的社会与政治解决方法。

（7）意识到生态系统的相互依赖性，物种多样性的保持，资源的恢复，以及彼此间的和谐协调，形成我们持续生存的基础，这一基础的各个部分都有可持续的阈值，那是不允许超越的。

美国土木工程师协会（ASCE）的章程也强调，工程师应把公众的安全健康和福祉放在首位，并且在履行他们职业职责的过程中努力遵守可持续发展原则，规定了工程师对于环境的责任：

（1）工程师一旦通过职业判断发现情况，危及公众的安全健康和福祉或者不符合可持续发展的原则，应告知他们的客户或雇主可能出现的后果。

（2）工程师一旦有根据和理由认为另一个人或公司违反了准则一的内容，应以书面的形式向有关机构报告，并应配合这些机构提供更多的信息或根据。

（3）工程师应当寻求各种机会积极地服务于城市事务，努力提高社区的安全健康和福祉，并通过可持续发展的实践保护环境。

（4）工程师应当坚持可持续发展的原则，保护环境，从而提高公众的生活质量。

分析思考题

1. 什么是环境伦理思想？概括一下工程师应该遵循的环境伦理规范。

2. 如何理解工程师的环境伦理原则？

3. 从水利工程的建设中，我们可以得到哪些关于工程与自然环境的启示？请结合古代的都江堰水利工程和新中国成立初期建设的三门峡水利枢纽工程展开论述。

4. 工程与社会制度有怎样的关系？

5. 在环境伦理思想中是如何体现可持续发展理念的？

6. 阅读以下文字：

青藏铁路是目前世界上最长的高原铁路，这条铁路穿越了神奇洁净的青藏高原。人们担心，在它以优美的身姿驰骋的同时，会不会给"高原净土"脆弱的环境带来隐忧？与普通列车不同的是，进藏列车采取了一系列环保措施，保证了车体内生活污水、污物零排放。列车上的厕所是特制的。青藏铁路不允许向车外沿途排便，列车上的厕所采用真空集便装置，废物、废水都有专门的回收设备。铁道部运输局有关负责人介绍说，排泄物通过真空集便装置和连通管系集中收集到车下吊装的污物箱内，污物箱的容积可以满足连续运行42小时无须排放的要求。废水通过排水管系收集到污水箱，污水箱可以满足连续运行18小时无须排放的要求。厕所集便装置采用真空式，新型的真空喷射器解决了高原低气压给集便系统真空度、抽取真空时间和冲洗循环带来的难题。此外，在格尔木车站还要集中进行吸污作业和垃圾回收作业，污物箱、污水箱和垃圾箱清空后，再进入格拉段运行，完全可以保证污水、污物零排放。车上采用列车专用垃圾压缩机处理其他废弃物，能保证沿途环境不受垃圾污染。青藏高原是不少河流的发源地，生态环境原始、独特而脆弱。党中央、国务院明确提出，青藏铁路建设要珍爱高原的一草一木。青藏铁路建设部门与青海省和西藏自治区政府签订了中国铁路建设史上的首份环保责任书。据青藏铁路建设总指挥部指挥长黄弟福介绍，青藏铁路仅环保投入就超过11亿元，接近工程总投入的5%，是目前我国环保投入最多的铁路工程项目之一，并在全国重点工程建设中首次引入了环保监理。青藏铁路总体设计师李金城说，在自然保护区内，铁路线路遵循"能避绕就避绕"的原则，施工场地、便道、砂石料场的选址都经反复踏勘确定，尽量避免破坏植被。青海省海西蒙古族藏族自治州委副书记巴羊欠见证了青藏铁路的两次施工，他深有感触地说："以前铁路修到哪里，植被就被破坏到哪里。此次青藏铁路修建过程中实行了定点取沙，沿线生态环境保持得相当完好！"为了恢复铁路用地上的植被，科研人员开展了高原冻土区植被恢复与再造研究，采用先进技术，使植物试种成活率达70%以上，比自然成活率高一倍多。这些举措受到了国际社会的广泛好评。为保障野生动物的正常生活、迁徙和繁衍，青藏铁路全线建立了33个野生动物通道。2002年夏季，国家珍稀野生动物藏羚羊产仔迁徙时，相关施工单位主动停工给它们让道。野生动物通道的建设，充分考虑了沿线野生动物的生活习性、迁徙规律等，青藏铁路唐北段和唐南段分别设置野生动物通道25处和8处，建设野生动物通道，在我国铁路建设史上还是首次。青藏铁路总指挥部的监测表明，藏羚羊已经适应了人工营造的迁徙环境，大批藏羚羊通过野生动物通道自由迁徙。

通过阅读这段文字，理解和体会工程与生态环境的关系。结合环境伦理思想分析工程与环境的重要意义。

第七章 机械工程中的伦理问题

知识要点

- 对制造过程涉及的内容有基本了解
- 把握制造过程与伦理的关系以及存在的伦理现象
- 认识智能制造技术发展中已经或可能出现的伦理问题
- 理解绿色制造的概念以及其中存在的伦理问题

【引导案例】江苏昆山工厂爆炸事故

2014年8月2日7时34分，江苏省昆山市中荣金属制品有限公司汽车轮毂抛光车间发生特别重大铝粉尘爆炸事故（图7-1），当天造成75人死亡、185人受伤。事故发生后30日报告共有97人死亡、163人受伤，直接经济损失3.51亿元。2014年12月30日，国务院对江苏省昆山市中荣金属制品有限公司"8.2"特别重大铝粉尘爆炸事故调查报告做出批复，认定这是一起安全生产责任事故，同意对事故责任人员及责任单位的处理建议，依照有关法律法规，对涉嫌犯罪的18名责任人移送司法机关采取措施，对其他35名责任人给予党纪、政纪处分。

图7-1 爆炸车间场景

事后查明，事故车间除尘系统较长时间未按规定清理，铝粉尘集聚。除尘系统风机开启后，打磨过程产生的高温颗粒在集尘桶上方形成粉尘云。集尘桶锈蚀破损，桶内铝粉受潮，发生氧化放热反应，达到粉尘云的引燃温度，引发除尘系统及车间的系列爆炸。因没有泄爆装置，爆炸产生的高温气体和燃烧物瞬间经除尘管道从各吸尘口喷出，导致全车间所有工位操作人员直接受到爆炸冲击，造成群死群伤。

7.1 制造过程概述

7.1.1 工程设计

工程设计（engineering design）是设计者在工程领域为满足人们对产品功能的需求，运用基础及专业知识、实践经验、系统工程等方法进行构思、计算和分析，最终以技术文件的形式提供产品制造依据的全过程活动。通过工程设计，人们运用科技知识和方法，有目的地创造工程产品构思和计划，对工程项目的建设提供技术依据、设计文件和图纸。工程设计几乎涉及人类活动的全部领域，它是形成产品的第一步。产品的质量和效益取决于设计、制造及管理的综合运作，这中间设计工作非常重要，没有高质量的设计就没有高质量的产品。狭义的设计通常指产品从概念到绘出图纸或建出模型的过程。从广义上讲，设计的概念和内容非常广泛，如材料选择、机构分析、运动和动力分析、强度校核、建模仿真、优化分析等。在实际设计中，往往根据产品的功能、结构及使用场合来选取设计的具体内容。

工程设计是属于工程总体谋划与具体实践之间的关键环节，是技术集成和工程综合优化的过程。在工程活动中，设计工作非常重要，人的主观能动性常常突出地表现在设计工作之中，它是工程顺利开展并成功运行的前提和保证。同时，它也生动地体现了工程智慧的创造性与主动性。从图7-2可以看出，工程设计的过程主要表现在知识活动方面，总体上就是知识信息的提取加工过程，也可以理解为将知识转化为现实生产力的先导过程。

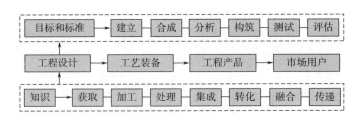

图7-2 工程设计的作用和组成

设计是要创造新产品。工程设计的过程一般通过改进或创新来完成。以电话为例，如图7-3所示，其发明是促进社会文明进步的全新设计，属于创新。而以后较长时间内，电话仅从外观和局部功能发生改变，属于改进。直到出现了移动电话，才是电话发展史上的又一次创新，然后又经历了一次次的改进，功能逐渐完善。

针对不同产业、不同类型、不同规模、不同产品在进行具体工程设计时，其具体过程会有很大差别，但也存在共性，主要都围绕设计要求、产品理念、解决观点、概念设计、细节设计等基本原则开展设计工作。工程设计的一般过程主要包括以下内容。

（1）客户需求

设计始于需求。在需求分析阶段，设计者要对客户需求有准确深刻的了解，还要明确诸如成本、预算、工期、寿命等约束条件，对工程设计所需要实现的总体目标和预计达到的技

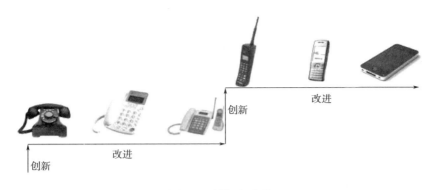

图7-3 创新和改进

术经济指标、功能、安全性、稳定性、可靠性都要给出定性和定量的描述。需求分析阶段是工程设计的起点，它为随后进行的设计活动设立了目标和范围。

（2）市场分析

市场分析必须在设计开始时进行，要求设计者对整个市场有全面系统的研究，包括产品发展趋势、竞争力、消费者心态、市场容量、利润情况等。市场分析的目的是进一步了解消费需求，明确产品的市场前景。市场分析主要通过收集信息来进行。信息的来源主要包括：技术及商业杂志、市场调查报告、图书馆、零部件供应商、专利局、网络。通过收集到的信息可以初步了解设计方案及完成设计目标所需要的资源。

（3）明确目标

需求指的是客户需要某种产品、能够提供某种服务。要求则是设计者详细地分析哪些产品及其性能能够满足客户的需求。明确了客户对产品的需求及对产品性能指标的具体要求，也就明确了产品的设计目标。设计目标来源于设计的理念、客户的问题以及设计团队讨论的结果。必须清晰地理解客户的需求，否则就会导致设计目标偏离市场。确立目标的具体方法是明确了客户对产品的所有要求后，将所有的要求按主次顺序排列，然后构建出所有要求的树形结构图，从而对设计目标达到直观透彻的认识。

（4）功能建立

产品的功能决定了是否能被市场和客户接受。如果说需求和性能要求是客户对产品寄予的希望，用来让设计者明确应该具备什么用途，那么功能就是设计者初步提供的解决方案，以实现产品的用途。功能建立的方法是绘制功能图和树形功能结构图，反映出产品通过投入产出整个过程能够实现的全部功能。

（5）量化设计

在这一阶段，设计者将进一步明确客户需求和产品的功能。通过量化设计形成产品的设计规格表，使产品的性能指标和规格得到进一步明确，这对保证最终产品的质量非常重要。

（6）概念设计

概念设计是由分析用户需求到生成概念产品的一系列有序的、可组织的、有目标的设计活动，它表现为一个由粗到精、由模糊到清晰、由具体到抽象的不断进化的过程。在工程设计的各个环节中，概念设计是利用设计概念并以其为主线贯穿全部设计过程的设计方法。它通过设计概念将设计者繁多的感性和瞬间思维上升到统一的理性思维从而完成整个设计。概念设计中，在概念形式上产生目标可行方案的过程要求设计者具备创造性思维和能力。在这个阶段，设计者必须在对客户需求和市场分析进行评价的基础上运用创新思维和方法进行构思，并逐渐细化。这个过程通常要为不同的方案绘制草图，不需非常详细，但要能满足实验需求。

（7）初步评估

通过概念设计形成了能够满足客户需求的若干初步设计方案。显然，不是每一种方案都是可行的或最佳的。评估的任务就是确定一种具有最大可能成为质量有保证的设计方案。评估的方法是设计者使用评价矩阵依照标准对每种可能方案进行分析比较，从中分辨出技术指标占优势的设计方案，同时也有助于构思出新的设计方案。

（8）具体设计

在这一阶段，产品开始成形，所有的零部件都趋于清晰化，它们在产品中的装配关系也得到明确。在具体设计中会受到各种因素的影响，如工艺、装配、环境、安全等，为重点突出某一个因素而进行的设计被称为"面向X的设计"。比如，面向制造的设计（DFM）是指产品设计需要满足产品制造的要求，具有良好的可制造性，使产品以最低的成本、最短的时间、最高的质量制造出来。面向装配的设计（DFA）是指在产品设计阶段设计产品，使产品具有良好的可装配性，确保装配工序简单、装配效率高、装配质量高、装配不良率低和装配成本低。

（9）分析优化

分析优化也称细节设计，是指在具体设计完成后，按照产品的功能、装配工艺、可加工性进行检验，以保证最终产品的使用功能和质量。通常分析之后往往会要求整体或局部更换概念设计，使设计过程在分析和概念之间反复切换，这也是一个优化过程。

（10）实验检验

工程设计的实验阶段要求对确定的方案进行检验，以保证概念设计、分析过程以及由此形成的产品的工作特性符合需求，能够实现预期目标。实验的技术手段包括实物模拟、建模仿真、原型制造等。

7.1.2 制造工艺

机械制造属于生产机器设备的工业领域。由于现代工业产品的生产效率和生产质量主要由机器设备保证，所以没有现代化的机器设备，企业是难以在市场竞争中立足的。因此，机械制造是所有工业领域的基础。制造工艺是指制造过程的顺序流程及使用的各种方法，主要包括铸造、压力加工、焊接等毛坯成形工艺方法和切削加工零件成形工艺方法，如图7-4所示。制造工艺又分为传统加工工艺和先进制

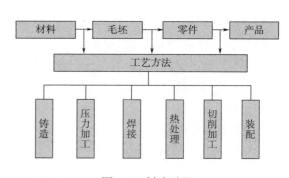

图7-4　制造过程

造技术，传统加工工艺一般以手动操作进行加工为主，如普通车削，通过手摇手柄操控车床，完成旋转体工件的加工。先进制造技术是利用计算机和网络技术，通过编程自动地给机床操作系统发出指令，从而控制机床的多维联动，实现刀具切削加工的工艺方法。伴随信息技术的快速发展，目前先进制造技术已经成为制造业主流的加工方法。

7.2　制造过程与伦理

制造过程与伦理的关系十分密切，这种关系体现在制造过程涉及的人、财、物每一个环节在运行中都存在风险，风险的大小很大程度上取决于工程技术、管理和操作人员内心的价值观取向和道德自律意识的强弱。制造过程本身也属于经济活动，相关人员在从事职业岗位工作时，是否具有职业道德操守，是否能够把工程师的伦理责任规范落实到工作岗位的每一个细节，是否在内心能够根植关爱他人敬畏生命的高尚情操，这些对于履行岗位职责，保证工作安全有十分重要的现实意义。在制造工艺过程中违反操作规程引发的安全责任事故不在少数；工作环境恶劣形成事故隐患的情形也时有发生；只顾增加产量忽视设备维护保养从而降低安全系数的事例大量存在；工作场地污染严重导致人员健康受损的案例时有报道。这些都显示出过度追求利润忽视安全的现象，其中隐含了制造过程中的伦理问题。

7.2.1　设计缺陷与设计伦理

设计缺陷是指产品在最初设计时由于未考虑全面，而使产品在使用中存在一些潜在的问题，甚至是危险。在工程设计过程中，由于疏忽大意或利益驱使，容易造成设计中的问题，也即设计缺陷。设计缺陷存在于产品中，会给产品的使用带来危险，有时这种危险是致命的。2018年10月和2019年3月，波音737MAX客机发生两起重大坠机事故，造成总计346人丧生，其原因就是飞机的"自动防失速系统"存在设计缺陷导致。在工程领域由于设计缺陷致使事故发生的案例并不少见。经常会在媒体上看到某品牌的汽车召回现象，均是发现车体内部发动机、变速箱等涉及安全的技术环节存在设计缺陷。

在工程设计中形成的工程技术人员与产品或项目质量优劣的关系称为设计伦理。从工程设计的主观意图和工程造福人类的目标来看，设计的基本目标是给人们带来美感，其构型、风格和结构的协调往往表达了人们对美的追求（图7-5）。设计伦理其表现主要是设计人员面对设计任务的责任意识。从以上案例可以看出，设计缺陷在工程领域是一个需要高度重视的问题。设计是施工的依据，设计图纸是工程项目具有法律效力的文件。如果设计人员漠视设计伦理，或者说其自身的道德修养存在问题，就会无形之中加剧工程风险，也会增大自毁前程的职业风险。

7.2.2　制造工艺伦理

制造工艺中包含的伦理问题有时也是十分重要的。制造工艺方法种类繁多，很多方法在应用过程中存在多种人身伤害和环境破坏风险。归纳起来有以下三点：

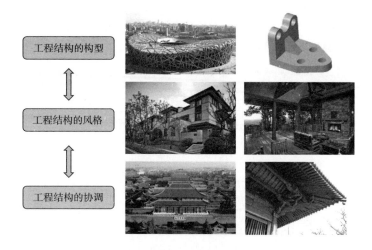

工程结构的构型

⇕

工程结构的风格

⇕

工程结构的协调

图7-5　设计中的美

（1）粉尘吸入人体

一些传统制造工艺如铸造、焊接、抛光等，由于高温作业或磨砂飞扬，生产车间粉尘迷漫，乌烟瘴气，工作环境十分恶劣。工作人员长期作业其中，身体健康会受到严重伤害。

（2）有害气味伤身

大多数箱体、外壳类工件都需要使用漆料进行喷涂处理，以达到美观效果。因此，在喷漆车间，往往存在浓烈的漆料味道，其中的有毒物质如甲醛、苯等对人体的危害不可小觑。

（3）工业废水污染

传统的电镀、化学镀等金属表面处理工艺是通过电化学或化学反应在工件表面沉积一层金属元素薄膜，以实现工件的耐磨或美观效果。该工艺所使用的镀液成分非常复杂，除含氰（CN—）废水和酸碱废水外，重金属废水是电镀业潜在危害性极大的废水类别，往往有较强的毒性，使用后如不加处理直接排放，会严重污染土壤河流的生态环境。

以上在制造过程中产生的危害，其强弱一方面取决于技术革新实施的效果和力度，更重要地取决于企业管理者对员工健康和环境保护的责任意识，这里的伦理问题是十分突出的。本章引导案例所谈及的昆山工厂抛光车间爆炸事故就是制造工艺伦理的一个典型。

7.2.3　操作伦理

制造工艺过程中会涉及各种机器设备的操作控制。所谓操作伦理就是指每一个操控人员的操作行为对他人和周围环境的影响。由于操作不当引起人身伤害事故，造成财产损失，这样的事例在制造企业中大量存在。任何机器设备都有针对性很强的操作规程，其中许多条款都是从事故教训中得来的。因此，遵守操作规程是机器设备操控人员最基本的职业素养。违反操作规程造成事故，表面上看伤害的是操作者本人，但对企业生产会形成连锁影响。一方面，企业经营者要承担事故责任和财产损失，给正常生产带来麻烦；另一方面，人身伤害事故对其他工作人员造成的心理压抑短期难以消除。从风险的角度看，操控人员违反操作规程会给他人带来安全隐患，这里的伦理问题就更加突出了。

由此可见，对于企业生产来说，严格遵守操作规程，重视操作规程的培训和演练，应该纳入企业常态生产管理。企业管理者要增强责任意识，经常深入基层，检查操作规程的落实情况。由于机械制造企业的机器设备种类繁多，有些操作比较复杂，故操作伦理问题显得更为突出，企业管理者不可掉以轻心。

7.3　智能制造与伦理

信息化、智能化是全球工业技术发展的热点。把握制造业技术前沿，努力探索、突破工业领域的核心技术，是中国制造业跻身世界强国的必由之路。智能制造是信息社会科技创新的核心。"智能"包含了意识、思维、感知等元素，本是人大脑所特有的东西。随着计算机信息技术的发展，现实中大量的工作激发起人们的热情，用技术的手段去实现"智能"的内容。人工智能是一项尖端科学技术，它的研究内容包括人类智能活动的规律和构造，以计算机技术为基础的人工智能系统，并应用于实际工作中，其中的理论、方法和技术对于制造业的创新发展意义不可估量，它将为中国制造插上腾飞的翅膀。智能制造是中国制造业发展的核心方向，但在发展过程中，也不可避免地出现一些使人困惑的伦理问题。

7.3.1　智能制造概述

智能制造是一种集自动化、智能化、信息化于一体的先进制造模式，是信息技术、网络技术与制造业的深度融合。目前智能制造技术的研究和应用主要集中在智能设计、智能生产、智能管理和智能服务四个关键环节，如图7-6所示。

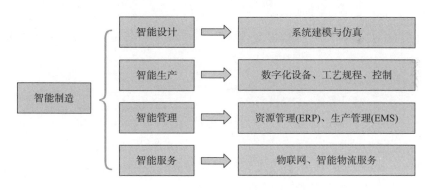

图7-6　智能制造的关键环节

世间万物都是制造的结果，制造业是一个国家繁荣富强的最重要的物质发展基础。漫步在工业发达国家的商场、街道，中国制造的纺织品、日用品、五金件随处可见，价格低廉，档次低端。

针对中国制造大而不强的现状，智能制造首先成为中国制造的核心发展方向。信息化、智能化是全球工业技术发展的热点。当今世界，各领域信息化的推广应用速度让人目不暇接。物联网以信息网络技术为依托搭建起物物相通的桥梁，在制造业中的应用前景令人无比期待。建立在一系列高新技术基础上的人工智能将引领制造业跨入一个崭新的历史阶段。中国制造瞄准的最新前沿就是人工智能在制造业的广泛应用。从设计、材料、工艺、检测等制造流程信息化发展来看，人工智能应首先成为制造业发展的核心技术。由此，智能制造将成为中国制造业阔步前行的核心方向。

7.3.2 智能制造中的伦理问题

曾任微软全球副总裁、谷歌全球副总裁、大中华区总裁，现担任创新工场董事长的李开复博士曾经预言：人工智能时代已经到来，未来10年间，有50%的职业会被淘汰。例如，中介、快递员、银行职员、流水线工人等职业。智能制造在给工业插上腾飞翅膀的同时，企业裁员、失业率上升的隐忧也显现出来。伴随科学技术的飞速发展，人员密集型产业越来越少，我们不免会担心——未来，人们都去干什么？这本身就包含着深刻的伦理问题。当人工智能技术高度发达时，由智能制造带来的伦理思考集中体现在以下两个方面：

（1）失业危机

人工智能越来越发达，生产线上都是机器人在操作，生产越来越智能化，需要人的参与度越来越低，大量人员失业，大量公司破产（图7-7）。为了缓解社会矛盾，此时无条件基本收入（国家发放救济）开始逐渐成为世界的普遍潮流。

图7-7 人工智能引起失业危机

（2）高科技形成人的惰性

霍金曾在书中写道，创造真正的人工智能可能是人们最大的成就，也可能是人们最后的成就，因为人工智能可能会"偷走"人们的大脑，让人们变得越来越笨。随着科技的发展，不论是上课记录还是在日常生活中，人们更倾向于用拍照的方式去记录而不是用自己的大脑。人工智能在剥夺我们思考的机会。

如今，无人机在人们的生活中已经司空见惯、习以为常。在拥堵的路面上，人们会思考甚至期待无人驾驶汽车行驶的场景。在憧憬科技带来的美好生活时，脑中应反思伦理和法律。智能制造产生的伦理困惑之一就是在无人驾驶情况下可能发生的种种事情。伦理学领域有一个知名的思想实验，叫"电车难题"。一辆失控的电车一路向前狂奔，即将碾压轨道上的5个人。你可以用拉杆让电车开到另一条轨道上，但那条轨道上也有一个人。这个1967年由英国哲学家菲利帕·富特提出的难题，在自动驾驶领域衍生出了新的难题——自动驾驶汽车是否应该为了躲避跑到路中央的5个孩子，而选择开到人行道上撞死一个成年人？

假设另一种情况，车主坐在自己的自动驾驶车中出行，当前方出现紧急情况时（比如突然发现有学生），车主是选择保全自己还是保护他人？自动驾驶的出现，让一些想象中的难题变成现实，从纯粹的设想和瞬间的抉择，被放大为普世的伦理困境。

7.4 绿色制造与伦理

绿色制造遵循着"绿水青山就是金山银山"的理念。当前，世界上掀起一股"绿色浪潮"，环境问题已经成为世界各国关注的热点，并被列入世界议事日程，制造业将改变传统制造模式，推行绿色制造技术，发展相关的绿色材料、绿色能源和绿色设计数据库、知识库等基础技术，生产出保护环境、提高资源效率的绿色产品，如绿色汽车、绿色冰箱等，并用法律、法规规范企业行为。随着人们环保意识的增强，那些不推行绿色制造技术和不生产绿色产品的企业，将会在市场竞争中被淘汰，这使发展绿色制造技术势在必行。绿色制造是经济高质量发展的重要体现，也是新发展理念不可缺少的重要组成部分。由于在经济发展中突出环保意识，遵循可持续发展的原则，并为此制定严格的环保制度，因此必然会在经济活动中涉及利益的获取。当影响到一些人的经济收益时，矛盾就会凸显出来，为博取利益铤而走险的事例就有可能出现。这就是绿色制造给社会带来的伦理问题。

7.4.1 绿色制造概述

绿色制造技术是指在保证产品的功能、质量、成本的前提下，综合考虑生态环境影响和资源消耗与利用效率的现代制造模式。它使产品从设计、制造、使用到报废整个生命周期中不产生环境污染或环境污染最小化，符合环境保护要求，对生态环境无害或危害极少，节约资源和能源，使资源利用率最高，能源消耗最低。绿色制造模式是一个闭环系统，也是一种低碳的生产制造模式，即原料—工业生产—产品使用—报废—二次原料资源，从设计、制造、使用一直到产品报废回收整个生命周期对环境影响最小，资源利用率最高。也就是说要在产品整个生命周期内，以系统集成的观点考虑产品环境属性，改变了原来末端处理的环境保护办法，对环境保护从源头抓起，并考虑产品的基本属性，使产品在满足环境目标要求的同时，保证产品应有的基本性能、使用寿命、质量等。

绿色制造是中国制造的理性方向。谈到理性，它是经验教训换来的新生。经济多年的粗放式发展，造成了制造业规模的膨胀式扩充。低端产品或直接的资源开采消耗着大量的能源，排放着数不清的污浊。经济上去了，环境恶化了，制造水平仍然低下。积重并非难返，现实促人反思。低端制造业带来的种种乱象触发了改革的引擎。严酷的现实促使中国制造的浴火重生。要发展，更要青山绿水。绿色制造，当仁不让地成为中国制造的理性方向。供给与需求是任何社会、任何时代经济生活中相互依存、不可或缺的两大要素，也是矛盾对立统一体的两个方面，二者同生并存。其中包含着大量的伦理现象。从人类生存发展的历史来看，需求是主观在先的。社会生产力发展的根本动力首先就是满足人们生存的物质需求。需求就是解决"我要什么，我想得到什么"这样的问题。用需求主导人的行为，看似很自然，其实社会在相当长的时间里都是这样运行的。

7.4.2　生态伦理

生态伦理是人类在进行与自然生态有关的活动中所形成的伦理关系及其调节原则。人类自然生态活动中一切涉及伦理性的方面构成了生态伦理的现实内容，包括合理指导自然生态活动、保护生态平衡与生物多样性、保护与合理使用自然资源、对影响自然生态与生态平衡的重大活动进行科学决策，以及人们保护自然生态与物种多样性的道德品质与道德责任等。在对生态伦理的关注和探讨中，人与自然的关系被赋予了真正的道德意义和道德价值。生态伦理倡导以下原则：①生命形式的丰富性与多样性有助于人类社会和自然界繁荣共生的价值需求；②人类无权削弱生命形式的丰富性和多样性，除非是为了满足其最低限度的基本生存需要；③保护自然环境的生态平衡，以达到使人类在良好的生态环境中生存和发展的目的。

生态环境的伦理思想源于人类历史工业文明进程中，人们对自然资源的过度攫取造成生存环境恶化的深刻反思。恩格斯在《自然辩证法》中明确指出，我们不要过分陶醉于我们对自然界的胜利，对于每一次这样的胜利，自然界都会对我们进行报复。每一次胜利，起初确实取得了预期的结果，但是往后和再往后却发生完全不同的出乎意料的影响，常常把最初的结果又消除了。马克思主义生态观作为科学生态观的智慧结晶蕴含着理性生态与人文生态的精髓与萌芽，也是科学的生态伦理思想。在我国，正确生态环境伦理思想的确立也是用经济发展过程中无数破坏生态环境、社会伦理失衡的经验教训换来的。

工业发展往往伴随着环境的破坏。工业文明在带来生产力发展、人们生活水平提高的同时，往往也带来自然环境的破坏。这实际是工程演化过程中忽视环境因素带来的社会退化。工业革命使英国成为当时世界最强大的资本主义帝国。机器的大量应用使生产力水平突飞猛进，而由此产生的工业污染也是触目惊心。我国自改革开放以来，由于单纯追求GDP增长造成的生态退化令人心悸。植被破坏，水土流失，河流污染，空气污浊，人们在攫取利益的同时，似乎忘记了自己还得生存，忘记了还得为子孙后代的生存留下什么。还有战争和事故，一颗原子弹、一次核泄漏，工程演化负面效应的生态灾难带给人们心灵的创伤是难以弥补的。

祁连山生态破坏事件是我国自改革开放以来，在单纯追求经济利益发展思路引导下发生的十分严重的违背生态伦理案例。制造业使用的原材料很多都来源于矿石，采矿生产带来的利润直接且可观。于是受利益驱使，地质资源成为很多人追逐暴富的目标。祁连山是我国西部重要的生态安全屏障，是冰川与水源涵养生态的重要功能区，具有维护青藏高原生态平衡，防范沙漠南侵，维持河西走廊绿洲稳定，以及保障黄河和内陆河经流补给的重要功能。祁连山扼守丝路咽喉，孕育了敦煌文化，是多民族经济、文化交流的重要集聚地，是造福"一带一路"沿途国家和人民，共同发展、共享福祉的生态安全屏障。然而，长期以来，祁连山丰富的地质资源让许多居心不良者垂涎三尺，跃跃欲试。曾几何时，祁连山苍翠的身姿变得满目疮痍，为了贪婪的欲望，掠夺式挖掘几近疯狂，资源的无度攫取让秀美的山体遍体鳞伤（图7-8）。政商勾结，沆瀣一气，肆意开采，砍伐植被，水电违建，偷排偷放，祁连山生态破坏之严重令人愤怒。从生态伦理的角度看，祁连山生态环境横遭暴虐是人类恶意凌

图7-8 祁连山生态破坏

驾于自然之上，为发不义之财，无视子孙后代生存之根本，竭泽而渔的突出事例，教训极为深刻。

7.4.3 绿色制造中的伦理问题

绿色制造基于生态环境保护的制造理念和发展方向，蕴含着丰富而深刻的伦理理念。古往今来，人们奔波忙碌，费心劳神，都是在追求幸福。到底什么是幸福？不同的人有不同的认识。钱越多越幸福，市场经济环境下这样的幸福观大行其道。在金钱的诱惑下，人性的善恶美丑都成为摆设，人们赖以生存的自然环境变得无足轻重。为了在制造中牟取暴利，土壤、河流、空气无论怎样污浊不堪都难以唤醒内心麻木的良知。幸福的生活需要美好的家园，美好的家园需要清新的空气、清澈的水源，需要绿树成荫、花草遍地，更需要颐养身心的衣食住行等各种产品。工程制造在绿色理念下就是要生产出绿色产品，建造出绿色建筑。在获取利益和实现绿色之间如何抉择，这是绿色制造中伦理问题的焦点，也是对历史上环境破坏造成灾难的反思。无论如何，面对发展中产生的弊端，权衡生态对生存的影响，我们都应该在获取中把绿色理念放在首位。

当经济水平提升到一定高度时，需求侧管理的弊端（伦理缺失）就会凸显出来，这在制造业显现得尤为突出，最终导致资源枯竭，环境恶化，社会面临的生态危机逐步加剧。同时，还伴随着由于片面追求经济以致公益缺失、道德水准下降等社会问题。

在机械制造中，涉及环境保护的行业还有许多，如金属表面处理，包括电镀、化学涂覆、抛光等。传统的铸造、焊接等热加工工艺对环境的负面影响也很严重，线切割、电火花成型等电加工都存在较强的污染性（图7-9）。

电镀液

铸造生产

图7-9 制造工艺污染

2014年2月，杭州临安市（现临安区）环保部门接到群众举报，称在该市於潜镇某村发现有人在倾倒污泥。执法人员赶赴现场后，在该村一处茶山空地上发现大量黄色污泥。经调查发现，这些污泥由安徽省宁国市一家金属表面处理加工企业倾倒，这些污泥正是这家企业在生产过程中产生的含有重金属的电镀污泥。经相关部门鉴定，污泥中铜、锌、镍、铬均超过国家土壤环境质量二级标准，属危险废物，如果处置不当将造成无法估量的严重环境污染。经统计，案发前他们已将总共60余吨危险废物电镀污泥进行了非法转移和处置。倾倒现场可谓触目惊心（图7-10），这些生产经营者们难道就不想一想，当你跷着腿、喝着茶、数着钱时，被污染的茶会流向何方？会危害多少人？会不会包括你自己？良心在金钱面前到底还有多少分量？

图7-10 电镀污泥倒入茶园

钢铁产业在制造业中地位显赫。我国的钢铁产业规模居世界首位，粗钢年产量近10亿吨，其中地条钢约1.2亿吨。地条钢是用感应炉把废钢铁熔化，再倒入简易铸铁模具内冷却而成。其间，既不进行任何分析化验，也无温度等质量控制，用这种方法炼出的钢，90%以上属于不合格产品。从图7-11可以看出，地条钢就是劣质钢、小钢厂的代名词。成品地条钢外观与普通钢没有显著区别，但质量没有保障，甚至用手一扳就会变形，从1米多高的地方掉下去就能断成几截。由于地条钢生产成本低，市场销售利润十分可观，往往几个月就可收回投资，然后就是大赚特赚。因此尽管国家明令禁止，但仍屡禁不绝，不法厂商为发不义之财，不顾环境破坏，不管安全风险，想方设法、不择手段、铤而走险。因为地条钢生产时需要消耗大量的电力，所以打击生产、销售"地条钢"违法行为最简单、最经济、最有效的措施，是切断存在落后生产工艺装备"生产地条钢或开口锭的感应炉"企业的电力供应。这是一种防患未然、断根治本的措施。

绿色制造给人们带来的伦理思考是沉重而深刻的。在经济发展过程中，在市场经济环境下，追求利润并无过错。问题是将追求利润置于何种前提下，除利润之外，还有没有更重要的东西值得关注？这是良心驱使并思考的问题。伦理是一种约束，但面对利益的诱惑，有时伦理显得微不足道。法律的效力是强大的，但保护生态平衡、维护社会正义的首选途径，仍是伦理规范。

现代化钢铁生产

地条钢生产

图7-11　钢材生产

分析思考题

1．制造业是"立国之本，兴国之器，强国之基"，如何理解其中的含义？

2．为什么说绿色制造是中国制造业发展的理性方向？

3．试举例论述智能制造和绿色制造中包含的伦理问题。

4．关于绿色制造有这样的描述：

绿色制造是一种创新的理念，它是生态文明建设、美丽中国建设的迫切需要。绿色制造体现在制造业发展中，就是"努力构建高效、清洁、低碳、循环的绿色制造体系"；就是新材料、新能源的重点研发；就是改变依靠现成资源的思想观念，树立可持续发展的理念；就是创新管理模式，打造集成环境，突出清洁效能的发展思路。绿色制造的创新意境极强，因为提到绿色，我们总会想到蓝天碧水、清新富氧，而制造又是我们生存发展、追求美好生活的基础。由此，我们充满无限期待，在创新理念引领下，绿色制造将带给我们崭新的美好生活画卷。

体会并分析其中的伦理意境，写出感想。

第八章 纺织工程中的伦理问题

知识要点

● 了解纺织工程的专业内容和纺织工艺基本流程
● 认识纺织产品对社会生活的影响及纺织工业的生产特点
● 体会纺织生产环境中存在的伦理问题
● 感受纺织品在经济贸易和社会生活中存在的伦理问题

【引导案例】哈尔滨亚麻纺织厂爆炸事故

哈尔滨亚麻纺织厂是新中国成立初期苏联援建的中国规模最大的麻纺织企业，占地面积40余万平方米，年产亚麻布2000多万米，产值8000多万元，创汇1000余万美元，全厂约有7000名职工。1987年3月15日凌晨2时39分，亚麻厂内传出一阵惊天动地的爆炸声，附近的人们以为发生了地震，距亚麻厂几百米远的消防支队大楼也发生了剧烈的震动。这是世界亚麻行业最严重的大爆炸（图8-1），据统计，是夜当班工人477人，经抢救242人安全脱险，死伤共235人，女性职工占80%。截至4月30日，又

图8-1 爆炸现场

有58人不幸遇难（包括在医院死亡的7人），其中包括孕妇3人，烧伤177人（重伤65人，轻伤112人）。国家安全委员会组织的事故调查组经过近5个月的调查分析和实验，认定这次爆炸是由于静电引爆亚麻纤维粉尘引起的。

这次事故的爆炸威力是相当大的，在梳棉和前纺车间下面有一条几百米长的地沟，上面浇筑有20厘米厚的钢筋混凝土地坪，爆炸时，地沟上的地坪被炸开、坍塌；十多米深的地下室有一台重约10吨的机器，爆炸时挣脱固定螺栓，飞向空中，落在它处；梳麻车间屋顶上的瓦片荡然无存，被震碎的门窗玻璃、死者的衣服碎片和肢体飞到几百米之外。据计算，爆炸产生的冲击波形成每秒1000～3000米的火焰传播速度。

8.1 纺织工程概述

纺织，人类社会文明进步的显著标志，从茹毛饮血到豪华奢靡，从衣不蔽体到美不胜收，人们对美好生活的向往和追求尽在其中。自然和社会首先要面对的就是生存，无论是自然界中的动植物，还是社会中的个人和组织，都是以生存为基本依据的。在生存中，贫贱和富贵，高尚和卑劣，美丽和丑陋，善良和恶毒，无不交织在一起，映衬着人性。纺织品装饰着社会，也衬托着心灵。衣衫褴褛下未必没有美好，绫罗绸缎中未必都是良善。纺织编织出的繁华世间，更需要用心灵的甘露去润泽。纺织工程涉及的工业领域是纺织工业，包括纺织品生产和纺织机械制造，它是一个国家民生的基础。纺织工程是涉及纺织工业生产的工程学科专业。培养具备纺织工程方面的知识和能力，可以在纺织企业、科研、教学等部门从事纺织厂设计、纺织品设计开发、纺织工艺设计、纺织生产质量控制、生产技术改造以及具有经营管理初步能力的纺织工业高级工程技术人才。纺织生产包括纺纱、织布、服装三大工艺，如图8-2所示。

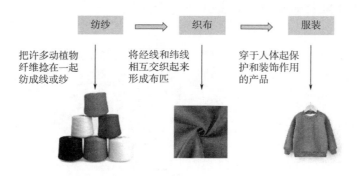

图8-2 纺织生产

纺织工业可以解决人们衣食住行中"穿衣"这一首要问题。对于"纺织"这一词的概念，一方面，它是一个工业领域；另一方面，它也说明了这一工业领域的两大工艺流程，即"纺纱"和"织布"。现代纺织的概念随着技术的发展有了很大的扩展，不仅是传统的纺与织，还包括运用无纺布技术、三维编织技术、静电纳米成网技术等生产的服装用、产业用、装饰用纺织产品与工艺。一般来讲，现代纺织是指一种纤维或纤维集合体的多尺度结构加工技术。

8.1.1 纺纱

纺纱是指将纤维原材料用一定的方法紧密聚合在一起，使之成为满足强度和粗细要求的纱线的工艺过程。纱线是织造的原材料，有效保障纱线的生产质量和效率，是纺织品生产的关键环节之一。从植物、动物或人工合成纤维到纱线的过程就是完整的纺纱工艺。纺纱工艺包括牵伸和加捻两大工序，牵伸是使纱线变长，形成所需细度；加捻是增加纱线的强度，让纱线在使用时能够承受张力。无论是古代简陋的纺车，还是现代高度机电一体化的细纱机（图8-3），牵伸和加捻这两个基本工序从未改变过。纺纱是纺织工业的基础，有了高质量的纱线，才能保证布匹和服装的高品质。

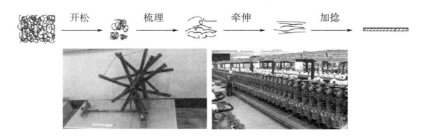

图8-3　纺纱工艺

纺纱技术起源于双手搓捻。早在古代，人们就认识到一些天然纤维如羊毛、棉花等本身很短，必须先把它们搓成长纱，然后才能织布做衣服。人类很早用木杆和锭子纺纱，纺纱者一只手拿着绕有纤维的捻杆，另一只手把纤维抽成一根松纱，绕在锭子顶端的凹槽里。锭子底下用石块固定，手工让锭子像陀螺那样旋转，锭子便把松纱缠紧成纱线，并绕在锭子上。纺车的出现对纺纱技术产生了巨大的促进作用。一般认为纺车起源于中国，最早记载纺车大约出现在14世纪。元代元贞年间，流落崖州的黄道婆回到故乡后，改良旧有的纺纱装置，创造三锭脚踏纺车，可同时纺三根纱。三锭脚踏纺车在当时是非常了不起的发明，在机器纺车出现以前，即便是要找到一个可以同时纺两根纱的人都非常不容易，三锭脚踏纺车不但提高了工作效率，更让产量增加，而且这比欧洲的珍妮纺纱机早约五百年。

英国工业革命期间，从珍妮纺纱机到水力纺纱机再到走锭纺纱机，实现了纺纱工艺全过程的机械化，生产效率大大提高，纱线质量不断改善。珍妮纺纱机的发明，使纺纱工艺从单锭发展到了多锭，这是一种质的飞跃。尽管现代纺纱设备运行速度、自动化程度等方面较老式纺纱机不知提高了多少倍，但关键技术仍是锭数的增加，而且纱锭是以珍妮纺纱机的形式竖式排列的。

纺纱的目的是要形成纱线，有了纱线之后才能织布、做服装。纱线最重要的特征是有一定的粗细度并比较结实。从古代的手工搓捻，到现代高度机电一体化、数百纱锭同时运转的细纱机，纺纱机的基本功能都是围绕着"牵伸和加捻"改进发展的。完整的纺纱工艺流程如图8-4所示。

8.1.2　织造

通过织造工艺获得布匹是纺织工艺流程不可缺少的重要环节。织造工艺是把在准备工作中制备的一定质量和适当卷装形式的经、纬纱（织轴、管状纬纱）交织成符合设计要求的、质量合格的机织物。传统的织造工艺设备为有梭织机，其工作原理如图8-5所示。在现代纺织工业的发展过程中，出现了多种形式的无梭织机，有剑杆织机、片梭织机、喷气织机、喷水织机、多相织机、磁力引纬织机等。与有梭织机相比，无梭织机生产的织物在产量、质

图8-4 完整的纺纱工艺

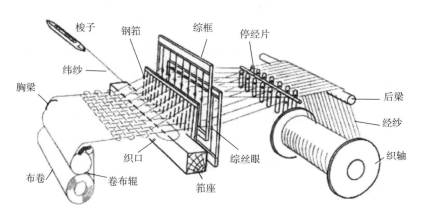

图8-5 传统织机工作原理

量、品种等方面具有无可比拟的优势，目前已在大部分织造领域取代了有梭织机。

织造过程主要包括以下工序：

（1）开口

开口的目的是使按一定规律穿入综眼的经纱上下分开，形成梭口，以供纬纱引入。形成供引入纬纱的梭口的运动叫"开口运动"，完成开口运动的机构叫"开口机构"。开口机构的功能是使综框作升降运动，以将全幅经纱分开形成"梭口"。同时根据织物组织所要求的交织规律，控制综框的升降顺序。在开口运动的过程中，经纱受到反复多次的拉伸、弯曲和摩擦等作用，并且开口运动与其他机构的运动有着密切的配合关系。因此，开口运动在工艺过程中，将影响到经纱在开口时所受到的张力、摩擦，这会影响到经纱的断头率。开口与打纬运动的配合和经纱位置线，决定织物经纬纱间的相互作用，会影响到织物形成过程及织物的内在质量、外观和风格。开口与投梭时间的配合也同样对工艺进行和织物质量有很大影响。所以，开口运动对织物质量和生产率关系很大。

（2）引纬

织机上由开口机构形成梭口之后，以梭子等载纬器或喷射流体将纬纱引入梭口的运动称为"引纬运动"。引纬运动是织造生产中提高产品质量、减少消耗的关键。引纬方式不同，也就形成了不同的织机类型。常见的引纬方式有以下几种：

①用装有纬管的梭子引纬：将装有纬管的梭子通过梭口纳入纬纱。这种方式就是传统的有梭织机。

②片梭引纬：用具有夹持纱线能力的扁平的小梭子将纬纱引入梭口。相应的设备称为片梭织机。

③喷射引纬：用喷射的流体（空气或水）将纬纱引入梭口。设备包括喷气织机和喷水织机。

④剑杆引纬：用特殊的引纬器——剑杆引入纬纱。设备称为剑杆织机。

（3）打纬

在织机上由飞行的梭子或其他引纬方法把纬纱引入梭口之后，由钢筘把引入的纬纱推向织口，使之与经纱交织，形成符合设计要求的织物，这一过程称为打纬运动。完成打纬运动的机构叫"打纬机构"。一般传统织机都是采用以曲柄连杆传动筘座往复运动的四连杆打纬机构。四连杆打纬机构的运动有两个特点，即不均匀性和偏心性。用钢筘把新引入的纬纱推向织口，使之与经纱交织形成织物，是一个极其复杂的过程。在打纬过程中，经纱上机张力、后梁高度、开口时间等上机参数决定着经纬纱相互作用的条件，对织物形成有决定性的影响。

（4）卷取

在织机上随着织造工艺的进行，必须把织成的织物随时从织口引离，并卷绕到卷布辊上，以保证织造生产总是在固定的位置上连续进行。将织物有规律地引离织口并卷到卷布辊上的运动称为"卷取运动"。完成卷取运动的机构称为"卷取机构"。

（5）送经

在织造过程中，由于织物不断被引离织口，所以必须从织轴上放送出相应长度的经纱，才能保证织造工艺的连续进行。在织机上送出经纱的运动叫"送经运动"。送经机构必须保证从织轴上均匀地送出经纱，以适应交织的需要。同时要给经纱以符合工艺要求的上机张力，并在织造过程中保持张力的稳定，张力波动不宜过大。

8.1.3 服装

服装是使用布匹经过缝制穿于人体起保护和装饰作用的产品。服装无疑起源于人类遮体御寒的生存需求。在漫长的历史长河中，服装对于促进社会文明起了相当重要的作用。从树叶、兽皮的简单利用，到纺织技术的逐渐掌握；从宗族部落的原始生活，到民族政体的地域纷争，服装始终都在扮演着重要角色。受经济、政治、文化的影响，在满足了基本生存需求之后，装饰开始在显示身份、地位、信仰、风俗等方面发挥作用（图8-6）。古今中外、历朝历代，由服装标明的统治者与平民间的差异，永恒地显示着社会的矛盾与不公。

服装产业是指将麻、棉、丝、化学纤维等制成布匹，再加工制成穿着产品的行业（图8-7）。服装生产工艺主要包括以下工序：

图8-6　服装功能演化

图8-7　服装生产

（1）裁剪

裁剪前要先根据样板绘制出排料图，"完整、合理、节约"是排料的基本原则。

（2）缝制

缝制是服装加工的中心工序，服装的缝制根据款式、工艺风格等可分为机器缝制和手工缝制两种。在缝制加工过程中实行流水作业。

（3）锁眼钉扣

服装中的锁眼和钉扣通常由机器来完成，扣眼根据其形状分为平型和眼型孔两种，俗称"睡孔"和"鸽眼孔"。睡孔多用于衬衣、裙子、裤等薄型面料的产品上。鸽眼孔多用于上衣、西装等厚型面料的外衣上。

（4）整烫

服装通过整烫使其外观平整、尺寸准足。熨烫时在衣内粘上衬料使产品保持一定的形状和规格，衬料的尺寸比成衣所要求的略大些，以防回缩后规格过小，熨烫的温度一般控制在180～200℃较为安全，这样不易烫黄、焦化。

（5）成衣检验

成衣检验是服装进入销售市场的最后一道工序，在服装生产过程中，对质量和品牌起着举足轻重的作用。由于影响成衣检验质量的因素有许多方面，因此成衣检验是服装企业管理链中重要的环节。

8.2　纺织工业生产特点

纺织工业是将天然纤维和化学纤维加工成各种纱、丝、线、带、织物及其制品的工业部门。按纺织对象可分为棉纺织工业、麻纺织工业、毛纺织工业、丝纺织工业、化学纤维纺织工业等。按生产工艺过程可分为纺纱工业、织布工业、印染工业、针织工业、服装工业等。纺织企业在生产过程中，从原材料、生产规模、工艺流程到生产环境，其复杂性决定了企业生产具有自身的突出特点，这些特点也决定了企业管理不能掉以轻心，任何麻痹大意都可能带来无可挽回的损失，责任心的缺失也是对生命的漠视，由此造成的损失往往让人肝肠寸断。

8.2.1 纺织生产原材料

纺织生产使用的原材料主要是各种纤维物质。纤维（Fiber）是指由连续或不连续的细丝组成的物质。在动植物体内，纤维在维系组织方面起到重要作用。纤维用途广泛，可纺成纱线、编成绳带、造纸或织毡时还可以织成纤维层；同时也常用来制造其他物料，或与其他物料共同组成复合材料。纤维可分为天然纤维和化学纤维，天然纤维包括植物纤维和动物纤维。植物纤维是由植物的种子、果实、茎、叶等处得到的纤维。从植物韧皮得到的纤维如亚麻、黄麻、罗布麻等；从植物叶上得到的纤维如剑麻、蕉麻等。植物纤维的主要化学成分是纤维素，故也称纤维素纤维。动物纤维是从动物的毛或昆虫的腺分泌物中得到的纤维。从动物毛发得到的纤维有羊毛、兔毛、骆驼毛、山羊毛、牦牛绒等；从动物腺分泌物得到的纤维有蚕丝等。动物纤维的主要化学成分是蛋白质，故也称蛋白质纤维。化学纤维的化学组成和天然纤维完全不同，是来自一些本身并不含有纤维素或蛋白质的物质，如石油、煤、天然气、石灰石或农副产品。先将这些物质合成单体，再用化学合成与机械加工的方法制成纤维，如聚酯纤维（涤纶）、聚酰胺纤维（锦纶或尼龙）、聚乙烯醇纤维（维纶）、聚丙烯腈纤维（腈纶）、聚丙烯纤维（丙纶）、聚氯乙烯纤维（氯纶）等。各种纤维外观如图8-8所示。

| 棉纤维 | 麻纤维 | 羊毛纤维 | 蚕丝纤维 | 化学纤维 |

图8-8 各种纤维

以各种纤维为原材料的纺织生产，注定了其生产环境的特殊性。纺纱、织布、印染、缝制，一道道工序形成一个车间，一个工厂，不同的原料、辅料、设备工艺，形成了不同的生产环境。纺织原料纤维质轻易燃，这种特性使生产过程存在必然的安全隐患。细小的纤维不经意间飘浮在空中，聚集在车间生产环境中，时刻伴随着操作人员。因此，纺织企业的安全责任意识应时时加强，各种有针对性的安全生产规程必须健全并严格执行。

8.2.2 纺织生产车间

由于纺织生产纤维原料易燃易爆的特殊性，纺织生产车间对空气流通要求非常严格。过去纺织厂厂房均设计成锯齿状。纺织院校一般均设有通风专业，现在的专业名称叫"建筑环境与能源应用工程"。随着通风空调技术的提高，现代纺织厂的车间不再拘泥于锯齿状，多层结构、彩钢结构逐渐发展起来（图8-9）。

图8-9　纺织厂生产车间结构

纺织生产车间的生产工艺可分为干法生产和湿法生产两种。棉、毛、麻、丝的纺织工序和涤纶、锦纶的纺丝工序，多数都属于干法生产。干法生产车间的机器、人员密集，散热量大，粉尘多。棉印染和毛、麻、丝织物的染整，苎麻的脱胶，黏胶、维纶、腈纶的纺丝工序，多数都属于湿法生产。在用湿法生产的车间内，夏季湿热，冬季围护结构表面产生凝结水，空气积雾，并散发有害气体。对于这两类厂房，要有下述相应设施：①干法生产车间对温度、湿度、含尘要求较严，应设空气调节装置。②印染等湿车间的空调装置应以通风排湿为主。部分设备装有排气罩，用风机将湿气排出车间外。还应在外墙、天窗的适宜部位设排气井加强自然排风。厂房围护结构要加强保温性能防止雾的凝结。③黏胶、维纶、腈纶厂要加强排毒系统，空调装置以排毒降温为主。车间内应经常保持负压，以免干扰邻近车间。④噪声100分贝以上的棉、毛、麻、丝厂的织造车间应在顶棚安装吸声材料，以及采用其他降噪措施。⑤湿法生产车间的楼地面要能防止酸碱浸蚀。围护结构在室内的外露部分应涂防腐蚀涂料。⑥腈纶厂的聚合、回收工段，黏胶厂的磺化工段，二硫化碳制备工段，维纶厂的甲醛制备工段，锦纶厂的联苯锅炉房，储存次氯酸钠等危险品的仓库须有防爆泄压措施。⑦纺织厂的耐火等级一般不低于二级。棉纺织厂的开清棉车间，回花室和地下粉尘室除设滤尘装置外还应设自动消防装置。⑧车间的采光亮度应满足规定标准。⑨车间或较大的工段间的通道应采用电动门，以保证室内气流稳定。

8.2.3　纺织生产工艺

作为民生工业领域，纺织工业在国家经济发展中占有重要地位，特别是我国人口众多，发展不均衡，纺织品需求量大面广，纺织工业在影响人们生活幸福指数方面作用十分突出。纺织工业属于密集型生产行业，其生产工艺具有以下特点：

（1）多工序连续性大批量生产

传统棉纺纺纱工序包括开清棉、梳棉、并条、粗纱、细纱、落筒等。毛纺工序则更多一些，这一特点决定了纺织企业需要高度重视前后工序生产作用的连续均衡协调，需要及时检测、掌握半成品和成品的质量。同时，复杂工序对纺织企业的安全生产提出了更高要求。除传统纺纱工艺外，织布、印染、服装等行业生产工艺过程也十分复杂，工序衔接、设备状况对生产效率和生产质量均有很大影响，对车间环境、节能减排的要求也十分严格。

（2）多机台作业

大中型纺织厂的织造车间少则有几百台，多则有一两千台织机，纺纱车间少则有近百台，多则有二三百台细纱机（图8-10），这一特点决定了纺织企业设备维护和技术改造的任务非常繁重。

图8-10　纺织厂生产车间场景

（3）劳动密集型生产

许多纺织企业生产过程中手工操作比重很大，纺织女工需频繁奔走于机台之间处理纺纱织布过程中出现的工艺问题。一个纺织厂通常有几百至几千名职工，这一特点决定了纺织企业操作管理的重要地位和人事劳动工资和生活福利工作的繁重性。

（4）轮班生产

为实现连续性生产，提高生产效率，纺织企业一般都采用每天2～3班作业制的工作模式，劳动强度较大，这给纺织厂的日常安全生产和作业管理带来一系列的问题，如轮班方式、夜班生产、劳动保障和交接班等。同时，疲劳作业带来的安全生产隐患需要给予高度重视。

8.3　纺织生产环境与伦理

广义的生产环境是指影响生产过程的一切要素，包括技术的和非技术的、天然的和人为的、空间的和时间的。生产环境对生产过程以及最终的生产效果的影响具有决定性的意义。一般人们理解的生产环境往往指与生产内容接近的，特别是对生产人员舒适性感觉相关的空间环境，如悬浮物、气味、噪声等。纺织生产环境有其特殊性，主要表现在纤维原材料、生产工艺过程、车间温湿度要求、有害化学品等方面。这些因素无疑会增加纺织生产过程的人身伤害风险。从伦理的角度看，生产环境中存在的安全隐患与企业管理人员、工程技术人员、车间操作人员的责任意识、自身修养是密不可分的。为此，充分认识纺织生产环境与伦理的关系，树立人人为我，我为人人的职业操守，对于安全生产十分必要。

8.3.1　基于伦理思想建设生产环境

从图8-11所示生产环境的对比可以感受到，建设一个好的生产环境，受资金投入和发

图8-11　生产环境对比

展理念两大因素的制约，对安全的影响是直接和显著的。所谓"好的生产环境"，首先是以人为本，在安全第一的前提下，使员工在生产环境中获得愉悦的心理感受。如果处理不好投入与理念的关系，或者说单纯想压缩成本，就会显现出管理者自身的价值观问题，也就是责任意识淡薄，从而在生产环境中形成潜在的安全隐患。许多安全生产事故都与生产环境密切相关。

　　工作流程时间长，通过多机台、多工序的流水作业，形成连续性极高的大规模协作生产。在生产过程中，工艺复杂，任务繁重，员工需要轮班、倒班进行工作，而在一线的工作人员，更是需要长时间工作。特别是挡车工要随机进行运转，机器不停则需要不断劳动，劳动强度较大，基本是手工操作多，纺织操作环境恶劣，整体工作环境并不好（图8-12）。主要表现为：车间内的噪声大、粉尘浓、高温高湿、人员密集、设备陈旧、采光通风不理想等，如果员工长期工作在这样的环境中，不但影响身体健康，更会出现劳动疲劳症，极易出现安全生产责任事故，导致人身伤害。

图8-12　纺织生产环境

8.3.2　纺织生产环境的伦理意识

　　工作在纺织生产环境中，应该重视伦理意识的养成和强化，应该认识到这样的环境有可能给自身和他人带来身心伤害，从而能够对岗位上存在的风险有清醒的认识，进而增强岗位工作的责任感。纺织工厂车间的生产环境是如此，上一个区域的生态环境受纺织生产特点的影响同样如此，特别是决策者和企业管理人员不能单纯地过于看重经济利益，甚至为了利益最大化而忽视对生态环境的影响，忽视对员工健康的损害。自改革开放以来，受需求侧管理的影响，纺织生产在追求规模中破坏环境、造成事故的案例并不少见，形成的教训也非常深刻。浙江绍兴的工业经济转型之路就非常具有代表性。

绍兴是一座令人向往、让人流连忘返的城市。从百草园到三味书屋，那既是童年的记忆，也是时代变迁的情怀。鲁迅笔下的生灵魂魄，一直都在栩栩如生地演绎延续。秀美的田园，激昂的文字，一代文豪和思想家的底蕴永恒地沉积在这片江南灵秀的土地上。曾几何时，绍兴有了一个别称，叫"印染之城"。远近闻名的染织工业给这片土地带来了财富。经济迅速发展，作为支柱产业的"印染"成为人们追逐财富的首选。当贪欲的闸门打开之后，喷涌而出的不仅仅是财宝，也夹杂着魔鬼和灾祸。纺织生产中，印染是最为典型的污染源头。图8-13所示的场景记录的是2012年绍兴印染工厂由于无序排放对自然环境和人的身体造成的损害，可谓触目惊心。从这些图片中，我们会深切地感受到什么是祸福相依。绍兴城，享有"印染之城"的"美誉"，到底是福还是祸？

图8-13　印染污染环境、损害人身健康

凤凰涅槃，浴火重生。2017年初，"印染之乡"绍兴掀起了一场中国印染史上最大的变革，336家印染企业面临整治，76家关停。短时间内，一半以上传统产业实现整合、重组、退出，优化后的企业集中迁至经开区，以高于国家环保标准的手段进行技术改造。在大力整顿传统产业的同时，现代医药、高端设备、电子信息、新材料等新兴产业蓬勃兴起（图8-14），在绿色发展理念引领下的产业转型升级之路不断拓宽。尽管情况有了很大改善，我们仍然要问，问题彻底解决了吗？

图8-14　印染业转型升级

8.3.3 粉尘爆炸

粉尘爆炸是许多工业生产环境安全隐患不可忽视的重要因素。悬浮在空气中的粉尘一旦达到一定的浓度，形成爆炸性混合物，遇到火源就会迅速燃烧甚至爆炸。粉尘爆炸化学反应速度极快，具有很强的破坏力。凡是具有可燃性物质的粉尘，如金属粉尘、纤维粉尘、粮食粉尘、塑料粉尘等，在生产过程中容易飘浮聚集在空中，形成危险隐患。一般可引起粉尘爆炸的条件包括：

①可燃性粉尘以适当的浓度在空气中悬浮。

②在相对比较密闭的空间。

③有充足的空气或氧化剂。

④有火源或者强烈震动与摩擦。

粉尘爆炸往往在瞬间发生，爆燃火灾会造成巨大伤害，事故损失惊人。前一章引导案例"昆山工厂铝粉爆炸事故"就是一个粉尘爆炸的典型案例。

图8-15　淀粉车间爆炸

2010年2月24日15时58分，秦皇岛骊骅淀粉股份有限公司淀粉四车间发生淀粉粉尘爆炸事故。事故发生时，现场共有107人。事故造成21人死亡（事发时死亡19人）、47人受伤（其中6人重伤），直接经济损失1773万元。事故造成淀粉四车间的包装间北墙和仓库南、北、东三面围墙倒塌（图8-15）。仓库西端的房顶坍塌（约占仓库房顶的1/3）。淀粉四车间干燥车间和南侧毗邻糖三库房部分玻璃窗被震碎，窗框移位。四车间内的部分生产设备严重受损。厂房北侧两辆集装箱车和厂房南部的一辆集装箱车被砸毁。

事故发生的直接原因是在进行三层平台清理作业时产生了粉尘云，局部粉尘云的浓度达到了爆炸极限；工人在维修振动筛和清理平台淀粉时，使用了铁质工具，产生了机械撞击和摩擦火花。以上二者同时存在是初始爆炸的直接原因。包装间、仓库设备和地面淀粉积尘严重是导致二次爆炸的直接原因。从本次事故发生的直接原因可以分析出，企业生产管理不善，生产组织混乱，安全意识差，缺乏基本的防爆意识。如果车间现场进行违章作业时，车间领导或现场作业人员有一人意识到可能产生的严重后果，及时阻止作业，事故也是可能避免的。

纺织生产过程中的纤维粉尘是一个纺织生产车间环境特殊性的突出表现，本章引导案例"哈尔滨亚麻纺织厂爆炸事故"就是一个警醒。因此，在纺织工业生产中，必须高度重视纤维粉尘的聚集问题。

8.3.4 纺织污染

中国是纺织服装的世界工厂，生产和出口位居世界第一，在全球纺织品生产所占比例逐年增加。长三角、珠三角地区遍布了各种纺织服装加工的特色村镇。纺织生产繁荣的背后是巨大的环境污染代价。近些年，随着我国经济发展重心的转移，纺织行业的生产现状特别是对环境的影响不再引人注目。但事实上，遍布江浙、广东的民营纺织企业在趋利生产的同时，废水、废气、重金属对环境的破坏日趋严重，说泛滥成灾也不为过。纺织污染主要包括以下几个方面：

（1）废水污染

纺织企业生产容易造成环境污染，这是人们的普遍认识。在纺织生产中，为达到纺织产品柔软、着色、漂白、定型等目标，需要广泛使用各种化学品。废水是纺织行业最主要的环境污染物。从20世纪90年代中期开始，我国纺织行业废水排放总量一般都在11亿吨以上，在各行业废水排放量中位居前列。纺织废水主要包括印染废水、化纤生产废水、洗毛废水等。这些废水如果不经处理或经处理后未达到规定排放标准就直接排放，不仅直接危害人们的身体健康，而且严重破坏水体、土壤及生态系统。

（2）噪声污染

噪声污染是纺织行业存在的严重问题之一，纺织厂纺纱、织布车间的环境噪声平均在100～105dB，超过了人耳对噪声的容许极限（85dB），对工人听力损害特别严重，听力损伤可由听力下降逐渐发展为噪声性耳聋。此外噪声还可引发神经系统、心血管系统、消化系统等多种损伤。有报告显示，噪声对纺织工人的健康影响主要临床表现为耳鸣、头痛、头晕、失眠、记忆力衰退、听力下降、心电图异常等症状，严重威胁妊娠期的女工及其后代的健康。在强噪声环境下还会出现行为功能损害、视觉反应时间延长、阅读能力下降、思维受影响等症状，这些症状会逐年加重。

（3）重金属污染

纤维原材料及生产工艺残存在纺织品中的重金属对人体极为有害。如汞可经空气通过呼吸道进入人体；由于汗液潮湿的作用，部分游离重金属和金属络合染料也会被人体皮肤吸收而危害人体健康。重金属污染源主要有以下几个方面：

①染料带入：含有铬、钴、镍和铜的金属络合染料是纺织品中重金属的主要来源之一。金属络合染料具有优良性能，其按用途可以分为金属络合直接染料、金属络合活性染料、酸性金属络合染料和中性染料。如果不使用金属络合染料，将导致一些重要颜色消失，如使用铜或镍酞菁所得到的军蓝和翠绿色，至今仍无法取代。各种化学药剂的使用能提高纺织品的质量、改善加工效果、提高生产效率、简化工艺流程、降低生产成本并赋予纺织品各种优异的应用性能。引入重金属的试剂还有防水防油剂、抗菌防臭剂、固色剂、阻燃剂等。

②天然纤维原材料：大气污染、工业及生活废水中的重金属元素通过自然沉降、雨淋等途径进入种植土壤，以及通过化肥、农药等人工途径将重金属带入种植土壤。此外，由于矿山开采、重金属废物的丢弃、污水灌溉等途径也会提升土壤的重金属含量。生产纤维的植物、农作物具有吸收、富集的生理特性，会将土壤中的重金属类物质通过环境迁移、生物富集等作用吸收在纤维成分中。

③合成纤维原材料：对化学纤维原料来说，在合成纤维单体的聚合中由于添加了如金属引发剂、催化剂等，在某些成纤聚合物熔融纺丝时加入某些金属抗菌添加剂，也会带入重金属。

④服装加工：在服装的加工过程中，引入重金属的主要是服装辅料如纽扣、拉链等，其主要为一些金属饰物及表面进行电镀的服装辅料，而金属饰物及电镀产品中主要带入的是铜、铅和镍金属污染。此外，在某些塑料制品的服装辅料中可能会含有对人体有害的重金属镉，因为镉常被用作PVC塑料中的稳定剂和着色剂。

8.4　纺织品与伦理

纺织品，即经纺织加工而成的产品，包括纱线、机织物、针织物、编织物、服装等。纺织起源于人们对生存的需求，发展于人们对美的追求。千百年来，纺织品促进着社会的文明，美化着人类的生活。然而，面对庞大的市场，在琳琅满目的纺织品中，并不都是绚丽多彩，也时时夹杂着污泥浊水。光鲜亮丽的纺织品之下，却也有藏污纳垢之处。

8.4.1　纺织品生产和贸易

中国是全球最大的纺织品服装出口国，同时纺织品服装也是我国出口贸易的重要组成部分。2018年，纺织品服装出口占我国出口总额的11.2%，占全球纺织品服装贸易总额的比重约为36%。我国纺织服装出口在2014年达到高点，之后开始下滑。下滑的原因是，东南亚等低成本国家纺织服装产业快速发展，抢占了我国出口份额。中美贸易摩擦升级导致一些订单转移到越南等东南亚国家。在纺织品生产和贸易中，突出地体现出一句人们常说的话：只有永恒的利益，没有永恒的朋友。中美纺织品贸易摩擦的案例也说明了这一点。

2005年5月，中美纺织品贸易摩擦引起各方的密切关注。先是美国对中国一些类别的纺织品进行进口限制，接着是中国取消了部分纺织产品出口关税，纺织品贸易摩擦似有越演越烈之势。根据世贸组织制定的《纺织品与服装协议》中的规定，从1995年1月1日起到2004年12月31日，在这10年时间里，纺织品与服装贸易的配额限制将被逐步取消。当中国廉价的纺织品源源不断地运抵大洋彼岸的时候，在给美国消费者带去实惠的同时，也给美国政府带去了烦恼。根据美国劳工部统计，在全球纺织品配额取消后的第一月内，美国服装和纺织工业损失了十二万两千个工作岗位。于是美国政府匆忙决定，从2005年5月27日开始，美国正式对来自中国的化纤制衬衫、化纤制裤子、棉制衬衫等7种纺织品，实行进口数量限制。对中国纺织品设限，实际上已经影响到中国23亿美元的出口以及10多万人的就业。

纺织品包括以下几种类型（图8-16）。

（1）纱线类

包括由各种纤维纺成的纱、线以及天然丝、人造丝、化纤长短丝等纺织原材料或成品。

（2）布匹类

包括机织布、针织布、无纺布等各种面料。

（3）服装类

包括各种服装、家用纺织品、鞋帽、手套、袜子等制品。

图8-16　纺织品种类

（4）其他

包括绳带、布艺玩具装饰品、刺绣品等。

作为世界上最大的纺织品服装生产和出口国，我国纺织品服装出口的持续稳定增长对保证我国外汇储备、国际收支平衡、人民币汇率稳定、解决社会就业及纺织业可持续发展至关重要。随着中国经济的高速发展，中国纺织业在为中国劳动力创造大量就业机会的同时，也造就了有支付能力的国内消费群体。

8.4.2　纺织品品牌

世间万物都与制造业息息相关，制造业是一个国家实现繁荣富强的最重要的物质发展基础。中国制造大而不强，这是社会对中国制造业现状的普遍认识。中国制造大而不强，有历史的原因，也有体制机制、科技发展方面的原因。在意识形态方面，"工匠精神"缺失也是中国制造业发展的难言之痛。制造需要理论，需要设计，但更需要工艺，需要大量经验丰富、技术精湛的操作者，需要精益求精的精神和态度。德国产品很精致，这是很多人的共识。从德国拥有的世界品牌数量和德国百年企业数量去深入分析就可以悟出，德国工业发达、工业品闻名于世的重要原因就是务实敬业、精益专注的工匠精神。专注利润，容易形成浮华，甚至假冒伪劣。专注产品，才能真正立足，形成品牌。德国工业正是在悠久的历史中始终关注产品的品质，才使高品质的品牌闻名于世，在激烈竞争的环境中长盛不衰。中国历史上不乏敬业的工匠，鲁班就是代表之一。但在浮华尘世中，被名利左右的浮躁心态游荡于社会各个角落。人们在攀比浮夸之余越来越不屑于成为一个埋头苦干的"匠人"。于是，尽管"不差钱"了，社会却少了一种制造业特别需要的沉稳静心和坚忍不拔的风气。

中国品牌——中国制造的品质方向。提到品牌，又是国人心中的一个痛点。在篇幅并不长的"中国制造2025"中，品牌一词出现了25次。可见"品牌"对于"中国制造"的重要性。经济繁荣，商品琳琅满目，浮躁社会的人们更是对高端品牌趋之若鹜。但在国内国际市场，叫得响的中国制造品牌屈指可数。"代购潮""抢购潮"涉及的无一不是国外品牌。抚思中华文明5000年的历史，不觉悲从中来。品牌是从品质中积淀而来，是经过多年锤炼而铸成的。"中国制造2025"的重要意图之一，就是通过做强中国制造业，打造更多为世人所赞叹的中国品牌。

中国是制造大国，而非制造强国，这一点在纺织品生产和贸易中体现得尤为明显，特别是代表纺织品品质的纺织服装品牌，对制造业强盛与否影响十分明显。中国纺织品生产和贸易规模全球第一的地位无可撼动，但让人心动、争相推崇的纺织服装品牌却屈指可数。一方面是改革开放初期在需求侧管理导向下，挣钱心切，能用就行，有销路就干。作为最大的民生领域，纺织产业突出规模，不注重品质积淀，匠心积聚内涵、匠心铸就品牌的精神和态度在经济利益的追逐中显得微不足道，国际竞争意识和能力也就难以强化和提升。另一方面，市场经济环境造成的浮躁心态也使企业急功近利，跟风发展，往往是项目上马快，转行也快，企业文化求稳求精的发展策略不能长久确立，特色、品牌意识淡薄。

此外，市场经济环境下的浮躁短视心态、攀比虚荣心理也在很大程度上影响着人们的价值观，很多人对洋品牌趋之若鹜，以大品牌炫耀身份高贵。市场经济环境下，以"面子"论英雄，以外表比阔绰，成为人们的平常心态，而纺织服装的名贵奢华已成为人们攀比心态的引领因素，是街头巷尾最能显示人们富有的光鲜方式。品牌折射着人性，品牌蕴含着伦理。如何看待品牌，是每一个人乃至整个社会需要反思的问题。纺织品的品牌，让人们享有品质的生活，给这个社会增添靓丽的色彩，为人间送去温暖和美好。然而，面对品牌中显露出的人性，又让我们陷入沉思。雍容华贵和布衣蔬食中的善恶美丑，正如经纱、纬纱的纵横交织，有精美，也有瑕疵，能映衬出华贵，也能显露出辛酸。追求骄奢的品牌，常常伴随着冷漠的心境；崇尚恭俭的生活，却能体现出关爱的品性。

8.4.3 纺织品的伦理思考

千百年来，纺织品伴随着人类，从简单到奢华，从蔽体到美丽，在这个过程中，人们的认识能力不断提高，文明程度也在不断提高。人们对美的追求，渐渐凸显出社会伦理和人性的善恶。美与幸福，人们始终在孜孜以求，其本身就存在深刻的伦理问题。华丽的纺织品，让人间秀美多姿，却不能遮住那些衣衫褴褛。最贴近于人的纺织品，最易让人体会到幸福感，也极易给人带来切肤之痛（图8-17）。

图8-17 华贵与贫困

纺织品中涉及的伦理意义从"黑心棉"和"二手服装"中可见一斑。黑心棉就是絮用劣质纤维的产品，具有无光泽、无弹性、易粘边、有异味等特征。经过漂白处理的"黑心棉"对人体危害极大，它不但破坏了棉纤维表皮的蜡质层，而且纤维中腔和胞壁也吸收了大量的化学物质（图8-18），直接接触人体会引起瘙痒过敏、呼吸困难等症状，长期使用还会使人得病。

二手服装（图8-19）中最为有害的是洋垃圾服装。洋垃圾服装一直以来都严禁入境，市面上出现的服装都是未经检验检疫偷运到我国的。一般都是按斤论价，成本低廉，运到市场后则以每件10元左右的价格或更低出售。二手服装上有污渍、霉点，散发出难闻的气味，有的衣服甚至已经腐坏。商家购货回来，稍作处理就摆出来卖了，其中三分之二成为摊位上的商品。因为是暴利行业，所以即使有悖道德法规，还是有很多不法商贩在买卖。

图8-18　黑心棉

图8-19　二手服装

纺织品中包含的伦理问题看似平常，实则深刻。作为与人体密切接触的日用品，人们无论如何也离不开对纺织品的依赖，不但如此，从古至今，纺织品中蕴含着温暖和美丽，寄托着人们对幸福生活的向往。就像马王堆汉墓中的T型帛画，画面和谐自然，色彩浓烈多彩，雍容华贵，庄重典雅，表达了人在天地之间，追求升天极乐，祈福重生，向往超然成仙的美好愿望。在人们为美好生活而奔波忙碌的过程中，纺织品无时无刻不在充当着表达外观形象和内涵的角色。正是由于其需求的广泛性，许多人觊觎着纺织品中的经济利益，把纺织品当作发财的工具和路径，绞尽脑汁，以至不择手段，不顾对他人身心的伤害，在纺织品生产经营中大肆做假，伤天害理，极尽罪恶之勾当。对纺织品进行伦理思考，就是要让人们深刻地认识到，什么才是真正的幸福和美好；就是要让人们在反思中懂得，生活中爱心的真谛是什么。

分析思考题

1. 纺织生产过程具有哪些特点？
2. 请分析纺织企业生产过程中伦理责任对于安全生产的重要性。
3. 从绍兴的工业经济转型之路中，我们可以得到哪些伦理启示？
4. 以纤维粉尘的危险因素为例，阐述纺织生产环境伦理意识的树立和纺织生产环境的持续改善。
5. 纺织污染包括哪些因素？

6. 纺织品贸易中的伦理问题是如何表现的？请举例说明。

7. 请体会分析下面这段话中的伦理意境。

纺织，人类社会文明进步的显著标志，从茹毛饮血到豪华奢靡，从衣不蔽体到美不胜收，人们对美好生活的向往和追求尽在其中。自然和社会首先要面对的是生存，无论是自然界中的动植物，还是社会中的个人和组织，都是以生存为基本依据的。在生存中，贫贱和富贵、高尚和卑劣、美丽和丑陋、善良和恶毒，无不交织在一起，映衬着人性。纺织品装饰着社会，也衬托着心灵。衣衫褴褛下未必没有美好，绫罗绸缎中未必都是良善。纺织编织出的繁华世间，更需要用心灵的甘露去润泽。千百年来，纺织品伴随着人类，从简单到奢华，从蔽体到美丽，在这个过程中，人们的认识能力不断提高，人们对美的追求，渐渐凸显出社会伦理和人性的善恶。美与幸福，人们始终在孜孜以求，其本身就存在深刻的伦理问题。华丽的纺织品，让人间秀美多姿，却不能遮住那些衣衫褴褛。最贴近于人的纺织品，最易让人体会到幸福感，也极易给人带来切肤之痛。

第九章 信息技术中的伦理问题

知识要点

- 认识信息技术与社会变革
- 了解市场经济环境下信息技术的发展以及存在的问题
- 把握信息与网络空间伦理对社会生活的人的品性的影响
- 理解并掌握大数据时代的伦理责任及规范

【引导案例】徐玉玉电信诈骗案

她正值花样年华，憧憬着美好的大学生活；她又是那么懂事，想为不富裕的家庭省下些钱。本是纯真善良的信任，她却落入电信诈骗的深渊（图9-1）。2016年8月21日，刚刚接到大学录取通知书的山东省临沂市高三毕业生徐玉玉接到诈骗电话，被告人陈文辉等人以发放助学金的名义，骗走了徐玉玉的全部学费9900元。她伤心欲绝，郁结于心，最终导致心脏骤停，虽经医院全力抢救，但仍不幸离世。

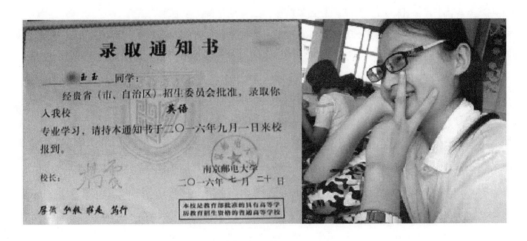

图9-1 徐玉玉

警方查明，2015年11月至2016年8月，被告人陈文辉、郑金峰、黄进春、熊超、陈宝生、郑贤聪、陈福地等人通过网络购买学生信息和公民购房信息，分别在海南省海口市、江西省新余市等地，冒充教育局、财政局、房产局工作人员，以发放贫困学生助学金、购房补贴为名，以高考学生为主要诈骗对象，拨打电话，骗取他人钱款，金额共计人民币56万余元，通话次数共计2.3万余次，并造成山东省临沂市高考录取新生徐玉玉死亡。2016年6月至8月，被告人陈文辉通过腾讯QQ、支付宝等工具从杜天禹（另案判刑6年）处购买非法获取的山东省高考学生信息10万余条，并使用上述信息实施电信诈骗活动。2017年7月，山东省临沂市中级人民法院以诈骗罪判处被告人陈文辉无期徒刑，剥夺政治权利终身，并处没收个人全部财产；以侵犯公民个人信息罪判处其有期徒刑五年，并处罚金人民币三万元，决定执行无期徒刑，剥夺政治权利终身，并处没收个人全部财产。

9.1　信息技术与社会变革

信息技术正在颠覆着传统，信息革命带来的冲击是全方位的，产业结构、生产方式、组织管理、营销策略，以及意识形态、社会生活、工作学习、休闲娱乐……无不镌刻着越来越深的信息革命的印迹。视频电话、即时通信、随意点播，在过去它们还是奢谈，现在已经成为生活平常；流量、网购、在线、点赞，这些词汇曾经并不存在，现在已经耳熟能详。信息社会，大数据时代，人们每时每刻都在网络时空中陶醉漫游。飞速发展的信息技术在给人类带来崭新生活的同时，也伴随着人性泯灭。

9.1.1　信息技术的发展

信息技术（Information Technology，IT）是指利用计算机、网络、广播电视、媒体等各种硬件设备及软件工具与科学方法，对文图声像各种信息进行获取、加工、存储、传输与使用的技术之和。人类从起源开始，就在与大自然的搏击中努力提高着信息表达的能力，不断拓展着信息交流的方式（图9-2）。人类在劳动实践中产生了语言，发明了文字。烽火台、纸张、印刷、书籍、图形、电报、电话、音像、磁盘……与信息相关的发明创造在人类智慧的光芒中产生，又为人类生存发展、追求美好生活提供了方便与快捷。

图9-2　信息技术的发展

"二战"末期，两次工业革命带来的工业文明消失殆尽，一些曾经的繁华景象变得满目疮痍。战争的反思，促使每一个国家对军事装备技术的发展都不敢怠慢，其中信息技术尤以为甚。人们深刻认识到，不仅在军事领域，谁占有了信息高地，谁就能立于不败之地。因此，作为信息技术的重要载体和信息处理传播的执行工具，计算机的研发更加引人注目。1946年，为军事相关的计算技术而研发的世界第一台计算机，尽管与现代计算机不可同日而语，但那是一个时代的标志，是计算机信息技术的起始。

20世纪50年代以来，高新技术领域非常活跃，研发成果及应用加速着产业经济发展。如核技术除了军事应用外，在核电、医疗、探测等和平领域得到了广泛推广（图9-3）。作为高科技和国家实力的象征，核技术可以看作触发又一次工业革命的重要引擎。

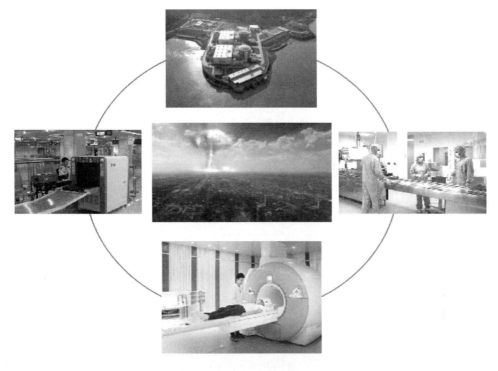

图9-3 核技术应用

此外，空间技术、生物技术、新能源技术、新材料技术、海洋技术等在技术研发和产业应用方面同样得到快速发展。所以，在机电应用的基础上，新工业革命是以高科技的突飞猛进为引领，来实现生产力又一次质的飞跃的。而所有高科技的发展，几乎都是以信息技术为基础的。

9.1.2 信息技术带来的社会变革

人工智能，作为信息技术发展的一个新的坐标，已经以不同的方式在人们周围出现，人们在惊奇感慨之余又会习以为常，因为信息技术的发展潮流已经预示了这个趋势（图9-4）。物联网，从概念的出现到现在仅仅有20年的历史，如今已经成为信息技术的重要发展方向，它所要实现的"物物相联"也使人感到惊奇并充满了期待。

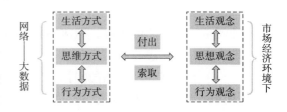

图9-4 信息技术对行为和观念的影响

当今世界，信息技术革命的浪潮席卷全球。以信息技术为引领，实现经济持续、健康、快速发展的新经济已经深入人心。互联网的普及带来了社会政治、经济、文化、民生等领域深刻的社会变革。高科技产品的层出不穷使人们的生活方式、思维方式都在悄然改变（图9-5）。生产力水平是度量社会现状及发展的关键指标。历史上两次工业革命带来的生产力水平质的飞跃是有目共睹的，而信息技术革命以及由此形成的连锁反应，将会给人类社会带来生产力水平提升的效果可能超乎想象。

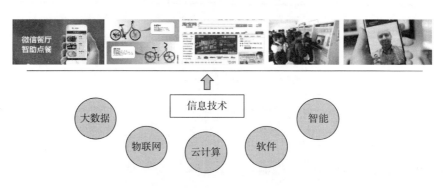

图9-5　信息技术与生活

以大数据技术为依托的网络资源具有以下三个方面的突出特征：

①无限海量的资源：信息的海洋，无穷无尽，辽阔无比。人们可以在网上随心所欲地获取大量的信息资源。当然，网络资源或好或坏，需要人们用清醒的头脑去选择，去辨识。

②信息碎片化：快餐式、条目式、海量的短信息即为碎片化信息。铺天盖地的碎片化信息常常割裂了知识的系统性，不利于人们的学习提高。人们沉湎于无用的信息中，实际也阻碍了创新思维的发展。

③共享经济：这是信息时代个体间暂时转移物品使用权以获取报酬的经济模式。许多诸如共享单车之类的共享商品给人们的生活带来了便捷，使人们享受到了网络时代新生活的快乐。

9.2　信息与网络空间伦理

空间是一个具体的概念，与时间相对应，人们生存的立体环境，就是空间。空间带给人们的是真实的存在感。由信息技术造就的网络空间，是一个虚拟概念，是在信息传递交流中形成的一个关系网。在网络的虚拟空间中，信息技术的不断发展给人们的思维带来了无限扩展，这种扩展可能是正面的，也可能是反面的。所谓网络空间的复杂，在现实社会中，已经体现得淋漓尽致。

9.2.1　概述

在计算机领域中，网络就是用物理链路将各个孤立的工作站或主机连在一起，组成数据链路，从而达到资源共享和通信的目的。凡将地理位置不同，并具有独立功能的多个计算机系统通过通信设备和线路连接起来，且以功能完善的网络软件（网络协议、信息交换方式及网络操作系统等）实现网络资源共享的系统，可称为计算机网络空间。

由于网络空间联系的广泛性，其概念已经不再局限于一个物理范畴，由信息技术支撑的涉及社会生活一切领域的互联网已经成为人们须臾难以离开的精神世界和生活必需。人们深陷在网络空间的虚拟世界中，林林总总、是是非非、善恶美丑、难以厘清。种种光鲜亮丽和光怪陆离交织在一起的网络空间，既为人类社会增添了引以为豪的文明创造，也让人们在无形中陷入许多新的风险。信息和网络空间的伦理问题，已经毫不危言耸听地把许多尖锐的社会矛盾带到人们面前，在技术发展与道德伦理之间如何寻求一个平衡点，已经成为人类迫切需要面对并寻找解决方法的问题。

在信息和网络空间中探讨伦理问题，具有极强的现实意义。事实上，社会中由信息和网络空间产生的许多现象和事端已经在深深地困扰着人们。不可否认，网络空间使人们享受到了生活的乐趣，人们可以方便地利用网络工作学习生活，无拘无束地在网上嬉笑怒骂，在群里尽情发挥。然而，信息技术的神奇似乎拉近了人与人之间的距离，却也疏远了人们寄托情感、渴望情缘的心的距离。现实生活中，网络空间给人们带来困惑和伤害，显示出网络虚拟世界并非都是其乐融融。

网络空间存在的大量伦理问题实则是高新技术下"义与利"的问题。当人性的丑陋毫不顾及道德标准时，甚至对法律的威严也心存侥幸时，网络空间的便捷、隐秘和不动声色，就成为一些居心叵测之人的牟利工具。善良的人没有留下音容笑貌，却体会到了悲喜交加的人性善恶；邪恶的人没有留下蛛丝马迹，却获得了让其沾沾自喜的不义之财。

9.2.2　网络空间的虚与实

在信息技术高度发达的今天，无数人沉迷在网络空间的虚拟世界里，构筑着自己的理想王国，幻想着有一天能够飞黄腾达。原本实实在在充满实体的现实，在与网络空间"虚"的博弈中一败涂地。信息技术引领着又一轮工业革命，经济的迅猛发展，在为社会带来巨大红利的同时，也涌动着道德沉沦的暗流。虚拟经济主宰了这个世界，生活方式由"实"转"虚"，思维方式由"实"转"虚"，行为方式由"实"转"虚"，不计其数的"群"充斥着虚拟世界的欢乐与忧思。

在信息技术支撑的高科技中，有一种技术叫"虚拟现实"（VR），顾名思义，就是虚拟和现实相互结合。从理论上来讲，虚拟现实技术是一种可以创建和体验虚拟世界的计算机仿真系统，它利用计算机生成一种模拟环境，使用户沉浸到该环境中。虚拟现实技术就是利用现实生活中的数据，通过计算机技术产生的电子信号，将其与各种输出设备结合使其转化为能够让人们感受到的现象，这些现象可以是现实中真真切切的物体，也可以是我们肉眼所看不到的物质，通过三维模型表现出来。因为这些现象不是我们直接能看到的，而是通过计算机技术模拟出来的现实中的世界，故称为"虚拟现实"。

虚拟现实技术受到了越来越多人的认可，用户可以在虚拟现实世界体验到最真实的感受，其模拟环境的真实性与现实世界难辨真假，让人有种身临其境的感觉。同时，虚拟现实具有一切人类所拥有的感知功能，比如听觉、视觉、触觉、味觉、嗅觉等感知系统。最后，它具有超强的仿真系统，真正实现了人机交互，使人在操作过程中，可以随意操作并且得到环境最真实的反馈。正是虚拟现实技术的存在性、多感知性、交互性等特征，使它受到了许多人的喜爱。

在现代社会的日常生活中，人们越来越感觉到虚拟经济日渐成为生活的主导。在网络空间中，虚拟经济呈现出一派繁荣兴旺、欣欣向荣的景象。各种电商平台、服务平台如雨后春笋出现在生活中。虚拟经济从根本上讲是借助虚拟资本运作发展的，虚拟资本是在借贷资本和银行信用制度的基础上产生的，包括股票、债券等。虚拟资本可以作为商品买卖，也可以作为资本增值，但本身并不具有价值，它代表的实际资本已经投入生产领域或消费过程，而其自身却作为可以买卖的资产滞留在市场上。虚拟经济就是从具有信用关系的虚拟资本中衍生出来的，并随着信用经济的高度发展而发展。

相比虚拟经济的日新月异，实体经济给人以衰落萧条的感觉。店铺冷清、餐饮不振、产业低迷，这是现实经济给我们留下的印象。然而，我们应该认识到，实体经济是国计民生的永恒主体，无论是生产力低下的年代，还是科学技术飞速发展的当代，这一点都不会改变。因为现实中包括衣食住行在内的所有物品都是工业生产、商业服务和民众生活不可缺少的。党的十九届五中全会提出，坚持把发展经济的着力点放在实体经济上，坚定不移建设制造强国、质量强国、网络强国、数字中国，推进产业基础高级化、产业链现代化，提高经济质量效益和核心竞争力。

9.2.3　信任危机与诚信缺失

信任是社会文明的基石，是社会发展的动力。古往今来，无论是个体还是群体，无论是家庭还是社会，和谐、幸福、满足、愉快之中，都包含着信任；奋进、成功、胜利的背后，也都能找到深深的信任。如图9-6所示，信任在任何社会形态中都表达着善良的社会体系。

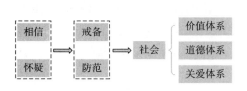

图9-6　信任表达社会体系

出于善良的本性，出于对美好的向往，人的本能应该就是"相信"。然而，在信息技术高度发达的今天，在市场经济环境下，人的本能似乎变成了"怀疑"，面对网络空间的真真假假，面对大量出现的尔虞我诈，信任的基石渐渐动摇，防范的心理不断加强。于是在信息时代，在科技生产力进一步推动社会进步之时，虚拟的网络空间却成为扼杀人们彼此信任的无形推手，失去信任的社会必将产生新的伦理问题。

诚信，即诚实守信，是一个人自身应该具备的优良品质。在每一种社会形态中，诚信对于形成相互信任的社会风气都至关重要。

然而，在网络笼罩的市场经济环境中，违背良知的逐利行为借助信息技术大行其道，坑蒙拐骗、论文造假、枪手猖獗、商家昧心……在物欲横流中，人性道德底线被屡屡突破，凸显着诚信缺失带给社会和人们心理的严重伤害。

随着信息技术的飞速发展，大数据环境下的许多新事物令人备感惊奇，支付、刷脸、共享、搜索……人们的生活进入崭新的数据时代。在一派歌舞升平之中，信息技术应用引发的伦理思考时时提醒着人们，眼前并非仅是光鲜亮丽。近年来，在学术领域，"论文查重"可以说是大数据技术的应用典范。个别学生、学者背离科学严谨求实精神，在浮躁心态驱使下，试图投机取巧，谋取功利，如此产生的论文抄袭、项目造假案例屡屡见诸媒体，"论文查重"对于揭穿真相功不可没。

9.2.4　数字身份与身份信息泄漏

身份是人在社会中的存在形态。身份是人类特有的概念，是生活在不同国度、不同种族、不同文化的人们都能理解的"我是谁"。人，总得以某个身份出现。现实世界中，人们最不可缺少的，就是自己的身份（图9-7）。在不同的境遇关系中，每个人的身份也是不同的：公民、丈夫、父亲、领导……那么一个人的身份到底是什么？数字身份又是什么？大数据时代关于身份存在哪些困境？

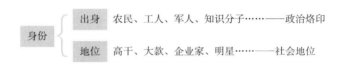

图9-7　身份信息

在信息闭塞的年代，每个人的身份信息是极为有限的，户口本、身份证即可表明个人的所有身份信息。计划经济时期，人们的收入较低也较平均，涉及隐私需要保密的个人信息很少，身份信息做少量更改，也不会引人注意。战争年代的潜伏人员，由于信息不发达，在切断必要的联络方式后，能够长期潜伏而不暴露。很多影视剧以"身份"为线索，形成悬念，吸引观众。有一部韩国电影，名叫《新世界》，讲述的是一个警察卧底斗黑帮的故事。与一般正义战胜邪恶主题不同，电影中的男主角警察在斗垮黑帮老大后，销毁了自己以前的所有身份信息，自己成了黑帮老大。如果放在今天高度发达的信息社会中，这些隐瞒、改变身份的事情可能发生吗？

数字身份是一个融合了科学、技术、法律、伦理、社会学、市场营销甚至哲学的概念。在科学和技术已远远领先于现有立法，并且在道德层面具有一定挑战的时代，数字身份依旧是一个具有不确定性的话题，很多观点尚存争议，相关概念十分模糊，发展方向仍在探索。数字身份是一种数字足迹，即人们在网络上留下的数据，但只能是与特定个人直接相关的数据，如文件数据、社交数据或银行卡号码、病史、不同服务的账户。数字身份是个人在互联网上留下的数据集合体，它是个人在网络上的数字化反映。

在互联网上，一切都在迅速变化、变幻莫测，出现了传输、收集和存储数据的第三方。这使发送文档、标识符和其他重要信息的人失去了对身份的控制。数据接收方也同样遇到一个问题，就是要确保数据的真实性，如何确保传输数据的人就是他自己声称的那个人。

在和平年代，如果一个社会诚信满满、关爱有加，身份本身就是公开的，也就不存在身份信息泄漏的问题。然而，在网络笼罩的市场经济环境中，违背良知的逐利行为借助信息技术大行其道，身份信息竟然也可以成为商品，成为心术不正者的逐利对象。徐玉玉案中，身份信息泄漏是悲剧的根源。现实中，许多行业出于安全要求"实名制"，但管理人员是否有责任意识,确保身份信息不被非法分子窃取利用?

2017年3月,在公安部统一指挥下,安徽、北京、辽宁、河南等14个省、直辖市公安机关开展集中收网行动,彻底摧毁一个通过入侵互联网公司服务器窃取出售公民个人信息的犯罪团伙,抓获犯罪嫌疑人96名,查获涉及交通、物流、医疗、社交、银行等各类被窃公民个人信息50多亿条,从源头上有力打击了此类违法犯罪活动。

9.2.5 电信诈骗:挥之不去的阴影

电信诈骗是指通过电话、网络和短信方式,编造虚假信息,设置骗局,对受害人实施远程、非接触式诈骗,诱使受害人打款或转账的犯罪行为,通常以冒充他人及仿冒、伪造各种合法外衣和形式的方式达到欺骗的目的,如冒充公检法、商家公司厂家、国家机关工作人员、银行工作人员等各类机构工作人员,伪造和冒充招工、刷单、贷款、手机定位和招嫖等形式进行诈骗。

2011年9月28日,在公安部的直接指挥下,中国警方联合印尼、柬埔寨、菲律宾、越南、泰国、老挝、马来西亚、新加坡8国警方采取统一行动,成功摧毁了特大电信诈骗犯罪集团,抓获犯罪嫌疑人828名。此案的涉案金额高达2.2亿元。诈骗团伙内部分工严密,下设"电话机房""开卡团伙""转账水房""车手团伙"四个子团伙,其操作环节之紧扣、手法之熟练、数据之巨大令人咋舌。仅以"开卡团伙"为例,专案组就获取了该开卡团伙收到的近2000个卡号和近1000份原始开卡资料,这些卡涉及广东的案件就达200余起。

生活在这个信息高度发达的社会,人们似乎时时刻刻都在紧绷着防范的神经,提防着网络交往中的骗局。骗术五花八门,善良随时都有被欺骗绑架的危险。网络空间虚无缥缈,"群"中的万象难辨真伪,电信诈骗似一个幽灵,游荡在每个人身旁。各种扫码、各种推销、各种诱惑困扰着生活,夸大其词、勾心斗角在网络比比皆是,生活在这样一个信息社会里,人们离不开网络,又得时时保持着戒备心理,稍有不慎,就有可能落入欺骗的陷阱。网络为心术不正、投机取巧者提供了可乘之机,也为见钱眼开、心存侥幸者备足了诱饵,真正能够置身其外者又有多少?电信诈骗就像一面镜子,把人性的善良与邪恶照得清清楚楚。

9.2.6 大数据下的家庭伦理

家庭是社会的细胞,家庭的稳定关系着社会的稳定(图9-8)。男婚女嫁、成家立业、生儿育女、养老送终,人类社会生生不息,这些传统的、天经地义的东西,维系着家庭和睦、社会和谐,也维系着人伦纲常、道德法理。随着信息技术的飞速发展,网络覆盖了人间的所有,在大数据环境中,人们的衣食住行发生了颠覆性的变化。生活方式的改变,深刻地影响着思想观念和行为举止。市场经济下的大数据,利益至上、沽名钓誉的思维模式渗透到人们生活的方方面面,这导致亲情淡漠、邻里生疏。传统的家庭观念在虚幻的网络中受到挑战,是喜是忧?中华传统伦理思想的核心"孝道"还能否根深蒂固?

婚姻是家庭的基础。男大当婚、女大当嫁,传统的恋爱婚姻观是社会稳定、人类繁衍生息的重要基础。当今的信息时代,在无可遁形的网络大数据世界,年轻人的恋爱婚姻观在悄

图9-8 家庭伦理

然改变。责任意识弱化，利益意识增强。奉献与获取无形之中在换位，沉迷于网络，年轻人成家立业的心情不再迫切。恋爱婚姻观的变化让人忧心忡忡。高新技术在提高人们生活质量的同时，青年男女物质追求远超积极向上的精神追求，网络即时通信似乎缩小了人与人之间的距离，但心灵拉近的难度却加大了。铺天盖地的婚介机构，打着牵手良缘的旗号，实则以营利为根本目的。

9.2.7　关于电商平台的伦理思考

电子商务平台即是一个为企业或个人提供网上交易洽谈和操作的网络平台。电子商务是商业发展的一种新模式，其建设的最终目的是发展业务和应用。一方面，网上商家以一种无序的方式发展，造成重复建设和资源浪费；另一方面，商家业务发展比较低级，很多业务仅以浏览为主，需通过网外的方式完成资金流和物流，不能充分利用互联网无时空限制的优势。因此有必要建立一个业务发展框架系统，规范网上业务的开展，提供完善的网络资源、安全保障、安全的网上支付和有效的管理机制，有效地实现资源共享，实现真正的电子商务。

电商的兴起，似乎动摇了实体经济的根基，在信息浪潮下，冷清的店铺、萧条的街巷与喧嚣的网络、红火的电商形成了鲜明对比。大数据时代，网络构建起人与人、人与物之间高速便捷的交流模式，电子商务蓬勃发展，电商平台遍布网络空间，包括实物和服务在内的所有商品都能在网上进行交易，电商无疑对繁荣经济做出了贡献。然而，在那看不见的空间里，利益的交换和纠纷更加隐秘也更加直接，五花八门的商品充满诱惑，便捷的支付瞬间吸空口袋。疯狂的促销，诱人的折扣，分期、赊付、闪送吊足了胃口，电商造就的购物狂们在推动虚幻的市场繁荣之时，也加剧着社会的浮躁，让攀比、炫耀之风盛行于世，让沉稳务实的精神品质几乎消失殆尽。

网约车运营也是电商平台的一类。乘坐在招之即来的网约车中，不禁感慨信息技术的先进与神奇。网约车的新型运营模式给人们的出行带来了便利，然而社会需要的诚信和责任在运营平台经营利润的获取中能否得到保证，笔者心中还是存在一丝忧虑。同时，政府部门对网约车的监管尚存在漏洞和盲区。发生于2018年5月和8月的连续两起网约车乘车人被害案突出暴露了这种漏洞和盲区，网约车运营中的诚信缺失和事故纠纷也不在少数。制度和规定缺乏细节和可操作性，审查和监管成为摆设。网约车平台为了获利，缺乏自律性，让隐患变成恶果。面对利益，网约平台和相关部门将伦理置于何处？

9.2.8 "透支"中的忧思

透支是一种商业行为，指超出限额的支付、支取。适度透支以解燃眉之急，在经济活动中是常见的现象，也无可厚非。问题是，在铺天盖地的商业诱惑中，许多人深陷其中，难以自拔，甚至成为一种生活习惯和方式，于是就形成了社会问题。从图9-9可以看出，当透支成为一种生活常态时，一个人生活的道路和生活的环境都会增加许多风险，生活常常处于焦虑之中。社会上的"月光族"往往是靠透支生活，本应丰富多彩、充满希望的生活在债务中变得无比暗淡。无休无止地填补亏空，生活怎能谈得上希望？青年学子若陷入透支的债务中，怎能把精力放在学业上，为自己的将来做打算？现实中的入不敷出往往源自无休无止的攀比炫耀，无奈之下，为了满足一份虚荣心而透支消费，这种现象在网络空间中变得司空见惯。法律有明文规定，如果是恶意透支，将会承担法律责任。人们应该意识到，或许在透支的不可自拔中，会丧失

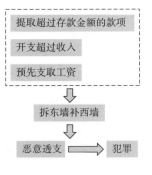

图9-9 不良透支

自由、深陷囹圄。生活中无数的事例说明，金钱的透支也反映出青春的透支和生命的透支。追求理想、胸怀梦想的青年学子需要谨记，不要让透支耗尽心志，透支会让生活在无望中变得更加艰辛。

9.2.9 校园贷：信息社会的价值扭曲

校园本是养育心灵、积聚文化、踏实治学的地方，但在商品社会、市场经济的冲击下，在信息浪潮的助推下，校园不再平静，人心变得浮躁，教育的内涵在网络商品交易、向往奢华生活中渐渐削弱。手机、化妆品、时装、名贵、奢侈、风光、分期、花呗、借呗，校园和学生的心灵被这些东西笼罩侵蚀，人生的意义、生命的价值如同过眼云烟。当价值观出现偏颇时，面对垂涎倾心的商品而又囊中羞涩时，校园贷乘虚而入，用极具诱惑力的宣传，吸引一些学生陷入其中、不能自拔。校园贷与套路贷成为一丘之貉，面对学生的无助和脆弱，极尽恶毒之手段，丧尽天良地逼迫学生还那无底洞般的本利。由此引发的悲剧屡屡上演。

2017年4月11日，厦门华厦学院一名大二女生因陷入"校园贷"，在泉州一宾馆自杀。据报道，该女生借款的校园贷平台至少有5个，仅在"今借到"平台就累计借入57万多元，累计笔数257笔，当前欠款5万余元。其家人曾多次帮她还钱，期间还曾收到过"催款裸照"。

校园贷本来是指在校学生向正规金融机构或者其他借贷平台借钱的行为。然而，一些无德之人为了获取不义之财将毒手伸入校园，他们采取各种手段诱惑学生掉入陷阱，然后胁迫学生无休无止地偿还高额本息。从图9-10可以看出校园贷的基本套路。

9.2.10 密码：善恶较量的符号

密码是按特定法则编成，用以对通信双方的信息进行明密变换的符号。换言之，密码是

隐蔽了真实内容的符号系统，就是把用公开的、标准的信息编码表示的信息通过变换一种手段，将其变为除通信双方以外其他人所不能读懂的信息编码，这种独特的信息编码就是密码（图9-11）。

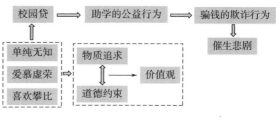

图9-10　校园贷

密码的作用对象是情报。情报就是需要传递的重要信息，这里"重要"的含义主要涉及各方利益。战争年代，情报对于战事来说可谓价值连城；和平年代，情报在商战中也至关重要。密码在政治、经济、文化各领域与国家的核心利益密切相关，联系着道义、命运等人类共同面对的伦理问题。事实上，密码与情报是同生共存的，它们中蕴含的道义伦理也是相生相克的。

情报按应用范围可分为科学情报、经济情报、技术情报、军事情报、政治情报等。情报按内容及作用可分为战略性情报和战术性情报两大类。战略性情报一般是指对解决全局或某一特定领域中（如制定能源政策、城市发展规划等）一些带有方向性、政策性问题所需要的知识，其中包括科学依据、论证和方案等内容。战略情报的形成需要经过严密的逻辑思维过程并具有较明显的预测性质。战术性情报则是指对解决局部或某一学科领域中的一些具体问题所提供的情报。战略性情报与战术性情报是相互作用、密切关联的，战术性情报是构成战略性情报的基础，战略性情报则可以为战术性情报指明方向。

加密、破译、再加密、再破译，战争中情报的传递，涉及千军万马，关系到胜负生死，总是显得那么惊心动魄。小小的密码，变幻着神秘，充满了悬念，牵动着人心，左右着战局。战争是正义与邪恶较量最直接、最残酷的手段，情报对于战争中知己知彼的作用不言而喻，而密码就是洞悉交战各方情势的"眼睛"。可以说，在战争年代，从密码中能够看到最深层次的人性善恶（图9-12）。

图9-11　密码原理　　　　图9-12　密码中的善恶较量

和平年代，国家之间、个人之间、公私之间的利益纠纷从来不会停止，社会道义与人性丑陋之间的博弈也从来没有消失。伴随信息技术的飞速发展，社会交融度在增加，信息技术带来的商业风险也在增加，信任危机，诚信缺失，信息泄漏，财产损失，网络空间的种种乱象使密码的重要性越发凸显。当今社会，衣食住行，军工民用，内政外交，时时处处都离不开密码。其中引发的伦理思考对于社会的文明和谐也具有重要意义。

9.2.11 抗疫中的信息技术及伦理思考

2020年是一个特殊的年份，新冠肺炎疫情肆虐全球。街面冷清、经济萧条，一切仿佛陷于停顿。面对来势汹汹又琢磨不透的病毒，中国共产党心系群众幸福安康，带领全国人民开展了轰轰烈烈的抗疫运动。那些逆行的身影诠释着忠诚担当和无怨无悔；火神山、雷神山的速度创造了又一个奇迹；医护人员防护服下的目光有疲倦更有坚毅；耄耋之年果敢"出征"的那位长者给国人带来了信心和温暖；那位拖着病腿日夜奋战在抗疫一线的院长让人感动又心疼……在那艰苦的日日夜夜，抗疫英雄表现出的高风亮节，是责任的体现，更是使命的担当。一声召唤，全民响应，步调一致，共同抗疫。我们的党在长期斗争中积累的经验，凝练出的精神、信念和实践方法，同样也是战胜疫情的法宝。

从2020年初开始，新型冠状病毒肺炎疫情全球流行。疫情肆虐下，工厂停工、学校放假、商场关门、交通瘫痪，无数人的生计受到袭扰，经济的萧条让人忧心忡忡。令人感慨的是，在科技高度发达的今天，无所不能的人类面对这小小的病毒却仿佛束手无策。封城、隔离、检测、停运……这些词汇久久地戳痛着人们的心。抗疫成为全世界最为热门的主题（图9-13）。

图9-13 疫情蔓延

一声令下，众志成城，中国的抗疫，为这个世界面对公共卫生危机树立起了一座丰碑。那些日子，感动成为生活的主导，武汉战疫的最美逆行，火神山、雷神山的争分夺秒，天津宝坻百货大楼的抽丝剥茧，歌诗达赛琳娜号邮轮的应急处置……中华大地上，面对病毒的蔓延，面对生死的考验，涌现出来的是奇迹，是英雄，是民族的精神和意志（图9-14）。

图9-14 中国抗疫

在抗击疫情的日日夜夜，中国乃至全世界的共同主题就是抗击疫情。疫情防控过程中，每个人都深深感受到了信息技术在这场没有硝烟的战斗中发挥的作用。机器人、健康码、快速检测、追踪行程，信息技术始终冲在抗疫的最前沿。"互联网、大数据、人工智能、区块链等新一代信息技术，在此次疫情防控和复工复产中发挥了重要作用"，工业和信息化部信息技术发展司司长谢少锋介绍说。在支撑疫情科学防控方面，一些医疗机构借助新技术，精准高效地开展疫情监测分析，病毒溯源、患者追踪、社区管理等工作。

然而，在应用信息技术有效防控疫情的同时，也应对其"双刃剑"的特征进行反思，其中包含了许多伦理方面的内容（图9-15）。

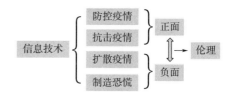

图9-15　信息技术与疫情

在万众抗疫的日子里，无数的逆行者、医护人员、社区工作者奔波的身影、忘我的精神深深感动着我们。在感动的同时，我们更应该反思，特别是在伦理的层面进行反思，反思疫情中发生的种种正面的和反面的现象。如果不深入反思，就意味着可能重蹈覆辙。站在伦理的角度，分析疫情期间国内外发生的各种事例，我们可以得到以下几个方面的启发。

（1）对自由的深入认识

古往今来，人们崇尚自由，追求自由，为了自由，不惜代价。古今中外，多少仁人志士为了自由洒尽鲜血。然而，历史和现实警示我们，必须从伦理的角度深刻思考自由，如果对自由没有一个深入的理性思考，不在一定的人性价值框架内去判断、去践行，没有一个高尚和卑微的界限度量，那么这种自由换来的或许就是灾祸。疫情中，从世界的范围重新审视"自由"的含义，应该对其内涵有一个更加深入的认识。到底什么是"自由"？人们需要什么样的"自由"？卢梭说："真正的自由不是你想做什么就做什么，而是你不想做什么就不做什么。自由不仅在于实现自己的意志，更在于不屈服于别人的意志。"自由并不是随心所欲，个人追求自由，绝不能建立在不顾他人、不顾社会的私利思想基础之上。

（2）疫情中的利己与利他

利己与利他，自古以来映衬着人世间的善恶美丑。在人类历史发展进程中，但凡大的历史事件，无论是政治的、社会的，还是文化的、自然的，人性的善恶总是越发显著地交织在其中，美与丑永恒地彰显着人世间的光明与黑暗。疫情之下，有冲向一线舍身忘我的善良，有厚厚防护服下那双美丽的眼睛，也有哄抬物价发不义之财的贪婪和隐瞒行踪恣意妄为的丑陋（图9-16）。

（3）抗疫中的真实与虚假

疫情期间，奋战在抗疫一线的医护人员、防控人员，面对危险，义无反顾，面颊上的勒痕，眼神中的疲倦，亲人离别的痛苦，身心负重的焦虑，一幕幕真实的场景，都饱含着社会和家庭爱的真情。灾难之中，人性凸显，既有浓浓的爱意真情，也有令人心寒的趁火打劫。为了一己之利，在疫情蔓延之际，哄抬物价、散布谣言、寻衅滋事、扰乱秩序。灾难拷问着人的良知，人活着，到底是为了什么？

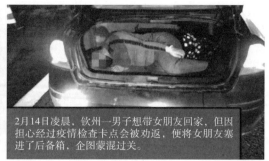

2月14日凌晨，钦州一男子想带女朋友回家，但因担心经过疫情检查卡点会被劝返，便将女朋友塞进了后备箱，企图蒙混过关。

图9-16　疫情中的利己与利他

（4）公共危机中的社会公正

社会的正义，是敬畏生命，是生命平等。公共危机往往伴随着资源紧缺。疫情暴发后的首要问题，就是各种医疗物资的供需失衡。每一天都会出来无数个悬念，而生命救援又常常刻不容缓。危急时刻，有限资源的分配往往会成为社会瞩目的焦点，当医护人员感染时，当权势人员感染时，资源会优先倾向于他们吗？官员占据着资源分配的主动权，他们会公正地调配物资吗？贡献越大就必然享受越多吗？如何把握社会公正的原则，取决于社会的价值观导向，也体现了社会文明的程度。

疫情严重期间，湖北省司法厅原巡视员陈北洋违反传染病防治法规和防控工作规定，在本人及其家人确诊新冠肺炎后，不服从集中隔离、入院治疗等措施，感染后拒绝去方舱，并违规出入公共场所，影响恶劣。经查，其还存在违反廉洁纪律、违规多占政策性住房问题。陈北洋受到留党察看处分，并降为一级调研员退休待遇。

9.3　大数据时代的伦理责任及规范

大数据（Big Data）是一种规模大到在获取、存储、管理、分析方面大大超出了传统数据库软件工具能力范围的数据集合，具有海量的数据规模、快速的数据流转、多样的数据类型和价值密度低四大特征，如图9-17所示。大数据技术的战略意义不在于掌握庞大的数据信息，而在于对这些含有意义的数据进行专业化处理。换言之，如果把大数据比作一种产业，那么这种产业实现盈利的关键，在于提高对数据的"加工能力"，通过"加工"实现数据的"增值"。

9.3.1　数据及数据安全

数据是指对客观事件进行记录并可以鉴别的符号，是对客观事物的性质、状态以及相互关系等进行记载的物理符号或这些物理符号的组合。在计算机科学中，数据是指所有能输入计算机并被计算机程序处理的符号的总称。数据和信息是不可分离的，信息依赖数据来表达，数据则生动具体地表达信息。

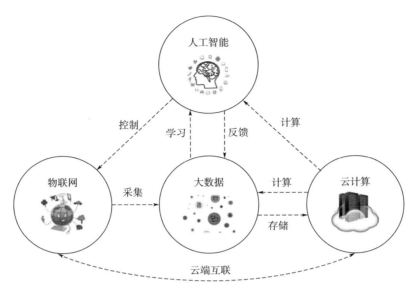

图9-17 大数据时代的特征

数据按性质可分为以下几类：

①定位数据：如各种坐标数据。

②定性数据：表示事物属性的数据，如颜色、大小、软硬等。

③定量数据：反映事物数量特征的数据，如长度、面积、体积等几何量或重量、速度等物理量。

④定时数据：反映事物时间特性的数据，如年、月、日、时、分、秒。

2020年4月，中共中央、国务院发布《关于构建更加完善的要素市场化配置体制机制的意见》，明确提出加快培育数据要素市场，将数据纳入生产要素，作为与土地、劳动力、资本、技术等并列的生产要素，从中可以看出数据在经济社会发展中的作用越来越显著和重要。从图9-18可以看出，在信息技术飞速发展的时代，以大数据技术为依托，加快培育数据市场，强化数据的生产要素地位，可以有效全面提升数据要素价值，对于发展数据经济，促进产业转型升级，推进高质量发展，具有十分积极的意义。同时，加强数据有序共享，积极推进数据安全应用技术的研究发展，能够快速构建起数字化发展安全环境。

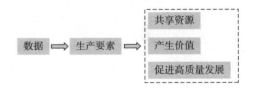

图9-18 数据与生产要素

数据安全是信息社会极其重要、极具现实意义的问题。为数据处理系统建立和采用的技术和管理的安全保护，以此保证计算机硬件、软件和数据不因偶然和恶意的原因遭到破坏、更改和泄露。在大数据时代，数据成了重要的生产要素，也是人们生活学习的重要资源。数据在应用过程中产生了价值，于是也为心术不正者所觊觎，成为不法分子的获利目标。信息社会中，个人利益的维护、产业经济的对垒、国家民族的发展，都需要不断加强对数据安全的重视。

数据库是数据资产的载体，其本身的坚固程度、安全隐患会直接影响数据资产的安全，所以识别数据库的安全风险是数据资产梳理中非常必要的一环。网络世界没有100%的安全，信息技术会带来生活品质的提升也会增加数据被窃取的风险。如果智能手机、平板电脑、智能冰箱、智能电视和其他智能设备使人们生活更轻松，那么其智能行为也可能被黑客用来窃取数据，侵入隐私世界（图9-19）。可以说，数据安全困境永远与智能高科技的发展如影随形。

图9-19　智能的分类

9.3.2　大数据时代

在信息革命浪潮的推动下，人类社会进入了大数据时代（图9-20）。人们在社会生活的各个方面都体验到了大数据技术应用带来的欣喜与惊奇。伴随人们生活方式的改变，人们的思维模式也进入了崭新的大数据时空，青年一代身心成长发展的一切都与大数据技术深度融合。大数据时代赋予了"数据"全新的内涵，文化、价值、伦理等蕴含哲理的概念都会在"数据"中得到体现，而这种体现，会强烈地冲击人的思想观念和社会的道德传统，使人们在享受新技术带来舒适便捷的同时，又得面对传统与现代相互撞击的巨大挑战。现实中，大数据下，对于一个高尚的灵魂意味着什么？对于一个扭曲的心灵又意味着什么？无论如何，我们都应该站在伦理的角度思考社会的多姿多彩和光怪陆离。

图9-20　大数据时代

数据正在迅速膨胀并变大，它决定着企业的未来发展，虽然很多社会团体可能并没有意识到数据爆炸性增长带来的隐患，但是随着时间的推移，人们将逐渐意识到数据对企业和社会的重要性。在当今信息社会，大数据的应用越来越彰显它的优势，它占领的领域也越来越大，电子商务、O2O、物流配送等，各种利用大数据进行发展的领域正在协助企业不断地发展新业务，创新运营模式。有了大数据这个概念，对于消费者行为的判断，产品销售量的预测，精确的营销范围以及存货的补给已经得到全面的改善与优化。

9.3.3　大数据时代的伦理责任

数据伦理责任是具有普遍意义的伦理责任在大数据时代的具体化，因此它具有伦理责任的一般特征。同时由于数据管理和网络社会自身的自由性、开放性和虚拟性等特点，数据伦理责任又有自己的特殊性，表现为自律性、广泛性和实践性。大数据时代的伦理责任，主要表现在以下五个方面：

（1）尊重个人自由

"个人自由"原理的基本含义包括两个方面：第一，个人的自治能力（自我选择和自我决定）；第二，个人在行使其自治能力时被给予的平等对待和对于个人之尊重。"个人自由"原理在具体权利的保障中呈现出"外在导向""单维度"特征，无论是在人格核心领域还是在内在自由保障方面，均强调外在层面的对政府干预的排除与防御，可简单地以"自由"或"个人的独处权"概括。"个人自由"基础原理的终极目标就是个人的自由与自治，而自由实现的必要条件是对政府的防御。"个人自由"原理将"自由"奉为最高价值。

在大数据时代尊重个人自由在很大程度上表现为自觉地、发自内心地尊重个人隐私，遵从伦理道德。

（2）强化技术保护

通过不断完善信息技术系统的安全性能，有效部署防火墙入侵检测系统、防病毒系统和认证系统，采取访问过滤、动态密码保护、登录限制、网络攻击追踪方法的技术手段，强化应用数据的脱敏处理、存储管理和业务审计，确保系统中的用户个人信息得到更加稳妥的安全技术防范。

（3）严格操作规程

制定严密的数据管理和追责制度，包括数据获取、清洗、存储、传输、分享、交易、关联分析等环节的权限管理和访问日志，规范所有能接触到数据及算法的人员的操作行为。同时对于重要和关键数据要建立多重访问，控制规则，提高信息外泄成本，降低风险。

（4）加强行业自律

努力培育和强化行业自律机制，发挥行业自律的灵活性和专业化优势，弥补法律法规滞后的缺陷，重点行业应制定自律规范和自律公约，规范大数据的使用方法和标准流程。

（5）承担社会责任

共同承担建设安全可信、平等惠民的大数据社会责任，避免发明伤害他人、涉嫌歧视、损害名誉、降低道德水准的大数据产品和服务，在企业私利和社会公德之间履行好大数据科技人员的社会责任。

9.3.4 大数据时代科技及工程人员的行为规范

大数据时代，科技及工程技术人员是从事大数据采集、清洗、分析、治理、挖掘等技术研究，并加以利用、管理、维护和服务的科技和工程技术人员。他们的主要工作任务包括：研究和开发大数据采集、清洗、存储及管理、分析及挖掘、展现及应用等有关技术；设计、开发、集成、测试大数据软硬件系统；大数据采集、清洗、建模与分析；管理、维护并保障大数据系统稳定运行；监控、管理和保障大数据安全；提供大数据的技术咨询和技术服务。

国际电子电气工程师学会（IEEE）是与大数据创新科技人员联系最广泛的职业组织，针对网络和大数据应用对社会生活产生的巨大作用，2014年6月，IEEE发布国际电气工程师学会行为规范，提出五项规范：尊重他人，公平待人，避免伤害他人、财物、名誉或聘任关系，克制而不报复，遵守与IEEE有业务往来的各国适用法律及政策和流程。

其中特别强调要尊重他人隐私，保护他人的个人信息和数据安全，不在现实生活和网络空间中做危害他人和社会的事情，不用错误或恶意的方式侵害他人身体、财产、数据、名誉和聘任关系，不在网上和其他场所传播关于他人的恶意谣言、不实信息、污言秽语。

分析思考题

1．什么是信息技术？信息技术给当今人们的生活带来了哪些变化？

2．大数据时代，网络资源有哪些特征？这些特征对人们的思维和行为有什么样的影响？举例说明。

3．如何理解网络空间的虚与实？请查阅虚拟经济和实体经济的相关资料，从伦理的角度对它们进行分析比较。

4．信任是社会文明的基石，是社会发展的动力。你认为在当今信息技术高度发达的环境下，社会信任的状况是怎样的？请用实例进行说明。

5．据网络报道，2018年4月至7月，百度公司搜索运维部高级运维工程师安某以技术手段在百度公司服务器上部署"挖矿"程序，通过占用计算机信息系统硬件及网络资源获取比特币、门罗币等虚拟货币共获利人民币10万元。安某犯非法控制计算机信息系统罪，被判处有期徒刑三年。请据此案例分析信息技术环境中，工程师应具备的职业道德素养。

参考文献

［1］李正风，丛杭青，王前．工程伦理［M］．北京：清华大学出版社，2016.

［2］倪家明，罗秀，肖秀婵．工程伦理［M］．杭州：浙江大学出版社，2020.

［3］顾剑，顾祥林．工程伦理学［M］．上海：同济大学出版社，2015.

［4］《伦理学》编写组．伦理学［M］．北京：高等教育出版社，2012.

［5］蔡元培．中国伦理学史［M］．贵阳：贵州人民出版社，2014.

［6］雅克·蒂洛，基思·克拉斯曼．伦理学与生活［M］．程立显，刘建，译．成都：四川人民出版社，2020.

［7］张厚荣，徐建平．现代心理与教育统计学［M］．北京：北京师范大学出版社，2015.

［8］亚当·斯密．道德情操论［M］．北京：研究出版社，2018.

［9］杰里米·边沁．论道德与立法的原则［M］．西安：陕西人民出版社，2009.

［10］张恒力．工程师伦理问题研究［M］．北京：中国社会科学出版社，2013.

［11］陈根法．德性论［M］．上海：上海人民出版社，2004.

［12］伊曼努尔·康德．道德形而上学原理［M］．苗力田，译．上海：上海人民出版社，2012.

［13］马克斯·韦伯．社会学的基本概念［M］．胡景北，译．上海：上海人民出版社，2020.

［14］马克斯·韦伯．新教伦理与资本主义精神［M］．马奇炎，陈婧，译．北京：北京大学出版社，2012.

［15］泡尔生．伦理学原理［M］．蔡元培，译．天津：天津人民出版社，2017.

［16］蕾切尔·卡森．寂静的春天［M］．刘庆山，译．南京：南京出版社，2018.

［17］殷瑞钰，汪应洛，李伯聪．工程哲学［M］．北京：高等教育出版社，2007.

［18］Б．А．苏霍姆林斯基．怎样培养真正的人［M］．蔡汀，译．北京：教育科学出版社，1992.

［19］哈瑞·刘易斯．失去灵魂的卓越哈佛是如何忘记教育宗旨的［M］．侯定凯，等，译．上海：华东师范大学出版社，2012.

［20］迈克尔·桑德尔．公正：该如何做是好［M］．朱慧玲，译．北京：中信出版社，2012.

［21］迈克尔·桑德尔．金钱不能买什么［M］．邓正来，译．北京：中信出版社，2012.

［22］查建中．中国工程教育改革三大战略［M］．北京：北京理工大学出版社，2009.

［23］石中英．穿越教育概念的丛林［M］．北京：教育科学出版社，2019.

［24］朱光潜．谈修养［M］．上海：东方出版中心，2016.

［25］李曼丽．工程师与工程教育新论［M］．北京：商务印书馆，2010.